Das Canon AE-1 Reflex-System

Günter Richter

Das Canon AE-1 Reflex-System

Verlag
Laterna magica
Joachim F. Richter
München

2. Auflage Oktober 1977

Umschlaggestaltung:
R. Portsch/K. H. Pantke
ISBN 3-87467-115-1
Printed in Germany

Inhaltsverzeichnis

Damit wir uns recht verstehen . . .

Es gibt Kamerabücher, die einem seitenweise ungewöhnlich vertraut vorkommen – geradeso, als habe man sie schon gelesen. Und genau das ist eigentlich der Fall, wenn man zuvor die Firmenprospekte und Gebrauchsanweisungen etwas genauer studiert hat.

Nun ist es nicht jedermanns Sache, sich das Leben gar so leicht zu machen. Was Sie mit diesem Buch in den Händen halten, ist kein Neu-Aufguß von Canon-Informationen. Es ist vielmehr der Versuch, Ihnen jene zusätzlichen Informationen zu vermitteln, für die in einer Bedienungsanleitung verständlicherweise kein Platz ist. Denn zwangsläufig muß eine Bedienungsanleitung vieles voraussetzen, notgedrungen kann sie vieles nur andeuten. Das volle Zusammenwirken fotografischer Technik mit einer Kamera kann und soll sie nicht erläutern.

Genau dies möchte ich auf den folgenden Seiten versuchen. Ich möchte Sie Schritt für Schritt nicht nur in den Gebrauch Ihrer AE-1, sondern ganz allgemein in die Fotografie einführen, damit diese fortschrittliche Kamera für Sie nicht nur ein Stück totes Mittel zum Zweck ist, sondern zu einem lebendigen und außerordentlich vielseitigen Werkzeug wird, dem Sie ohne große Mühe eine Menge interessanter Seiten abgewinnen werden. Wenn ich von einer stufenweisen Einführung spreche, so denke ich dabei nicht nur an einen streng logischen Aufbau, der dem Vorgang Ihres Vertrautwerdens mit der AE-1 entspricht, sondern vor allem daran, daß Sie nicht das empfinden sollen, was ein normaler Leser fotografischer Erläuterungen nur allzu oft empfindet: das Gefühl, Hals über Kopf ins Wasser geworfen zu werden, in dem es von Haien wimmelt – Haien in Form zunächst unverständlicher, nebulöser Fachausdrücke, die sich sehr gut ausnehmen mögen, die jedoch nicht geeignet sind, das Verstehen jenes Interessierten zu fördern, der sich gerade in dieses Gebiet hineintastet. In

dem Maße, in dem wir uns gemeinsam mit den im Grunde recht einfachen Regeln der Fotografie und, damit organisch verbunden, dem Gebrauch Ihrer AE-1 vertraut machen, möchte ich Ihnen jeden der allgemein üblichen Fachausdrücke sofort leichtverständlich erklären. Denn nur so lassen sich Verständnislükken vermeiden, die sich am Ende zu immer größerer Unsicherheit addieren. Schließlich haben wir ein ganzes Buch über Zeit, uns gründlich mit allen wesentlichen Fragen auseinanderzusetzen, die für den Amateur von Bedeutung sind.
Eine Gewißheit möchte ich Ihnen noch geben: dies ist kein theoretisches Kamerabuch. Was ich Ihnen vermittle, entstammt meiner eigenen praktischen Erfahrung mit der AE-1 und ihrem System; es ist im wahrsten Sinne des Wortes im praktischen Einsatz dieser Kamera «erarbeitet». Gleiches gilt für die Canon-FD-Objektive, bei denen es kaum noch eines gibt, das ich in langen Jahren der Arbeit mit Canon-Kameras nicht praktisch erprobt hätte.

Und nun – GUT LICHT!

Günter Richter

Canon – Kwannon

Der Name Canon hat seit vielen Jahren auch in Deutschland einen guten Klang – allerdings klingt dieser noch immer recht häufig englisch. Um hier ein Mißverständnis von allem Anfang an auszuräumen, möchte ich Sie zunächst beruhigen, daß die rein deutsche Aussprache von «Canon» durchaus kein Zeichen von Unbildung ist. Seinen Firmennamen hat Canon nämlich der Göttin der Barmherzigkeit Kwannon entlehnt, die in Japan eine so große Rolle spielt. Erst die englischsprechende Welt machte das so entstandene Kunstwort, dessen Ursprung also nichts mit dem Wort Kanone zu tun hat, zu dem auch bei uns noch weitverbreiteten «Kännon», während die Japaner selbst – wenn Sie so wollen – annähernd die deutsche Aussprache verwenden.

Das Wunderkind AE-1

Mit der Einführung der AE-1 hat Canon eine Menge Staub aufgewirbelt, und zwar gleich in mehrfacher Hinsicht. Denn wie man die Dinge auch sehen mag, die AE-1 betritt unbestreitbar Neuland im Kamerabau: ihre Konstruktion orientiert sich an Prinzipien, die bisher in der Fotoindustrie noch nicht in diesem Maße angewandt wurden. Damit bringt die AE-1 ohne jeden Zweifel eine gewisse Wende und stellt die Weichen für eine neue Kamerageneration.

Die eine Besonderheit der AE-1 ist für uns nur von sekundärem Interesse: die Tatsache nämlich, daß die Kamera nach einem neuartigen Baukastenprinzip konstruiert ist, das eine weitgehend automatische Fertigung und Prüfung zuläßt. Im Grunde genommen kann es uns gleichgültig sein, wie die Konstrukteure das Innenleben unserer Kamera gestalten, solange wir die Gewißheit besitzen, daß das Endprodukt absolut funktionssicher und dauerhaft ist. Sekundär profitieren wir jedoch beachtlich von derartigen technischen Details: die verwendeten Konstruktionsprinzipien sowie die weitgehend automatische Fertigung und Prüfung der Kamera erklären nämlich ihren erstaunlich günstigen Preis, der auf dem Kameramarkt seinerseits einiges in Bewegung gebracht hat.

Ein zweites neues Element ist die Verwendung elektronischer Bauteile in einem bisher in Kameras dieses Typs nicht gekannten Umfang. Damit wird uns ein Bedienungskomfort geboten, der bisher in dieser Preisklasse undenkbar war. Zur automatischen Belichtungsregelung kommt der automatische Filmtransport nach jeder Aufnahme, ja die Möglichkeit der Reihenaufnahme, die Annehmlichkeit und Sicherheit einer echten Blitzautomatik und sogar die Möglichkeit der automatischen Einbelichtung des Aufnahmedatums. Trotz dieses Mehrangebots an Leistung gestattet die weitgehend elektronische Bauweise noch eine Verrin-

Canon
Canon
AE-1
S
LENS MADE IN JAPAN
CANON LENS FD 50mm 1:1.8 S.C.
CANON

gerung des Gewichts und der Größe gegenüber den bisherigen Canon-Kameras. Dabei ist die AE-1 nicht als Spielzeug ausgefallen, was ich angesichts der heute oft fast übertriebenen Miniaturisierungsbestrebungen dankbar vermerke, denn irgendwo hört eine immer kleiner werdende Kamera auf, handlich zu sein. Das gilt insbesondere für die verschiedenen Bedienungselemente, die Canon an der AE-1 sehr bewußt nicht «verniedlicht», sondern im Gegenteil betont groß dimensioniert hat.

Recht interessant ist die Überlegung, für welchen Käuferkreis die AE-1 eigentlich in Frage kommt. Es zeigt sich nämlich, daß diese Kamera eigentlich zwei diametral entgegengesetzte Käuferschichten anspricht: auf der einen Seite erscheint sie ideal für ernsthafte Amateure, die eine vielseitige, hochwertige und durch modernste Konstruktion auch zukunftssichere Systemkamera mit extrem hohem Bedienungskomfort suchen, die ihnen trotz weitgehender Automatisierung alle nur wünschenswerte Freiheit zum persönlichen, gestalterischen Eingreifen läßt und auch in der Lage ist, ausgefallene Wünsche – zum Beispiel auf dem Objektivsektor – zu befriedigen. Kurioserweise ist dieselbe Kamera jedoch genau so gut geeignet für Leute, deren einziger Wunsch es ist, mit möglichst wenig eigenem Zutun – d. h., unter Ausnutzung jeder sich heute bietenden automatischen Steuerung – zu qualitativ hochwertigen Aufnahmen zu gelangen, die jedoch trotz dieser technischen Unbeschwertheit Wert auf hervorragende Qualität der Kamera legen.

Mit dieser Doppelgleisigkeit erfaßt die AE-1 praktisch den gesamten Amateurmarkt und stellt gleichzeitig unter Beweis, daß sie ein echter Tausendsassa ist: wenn wir es aus Gründen der Bequemlichkeit oder aber der Schnelligkeit wünschen, nimmt sie uns alle wesentliche Technik ab; sobald wir jedoch eigene Wege gehen und eigene Gedanken realisieren möchten, wird sie zum ebenso willigen Werkzeug in unserer Hand, das geduldig alle Extratouren mitmacht. Mehr kann man eigentlich nicht verlangen, oder?

Die zwei Beine einer Kamera

Bevor wir uns mit weiteren Details der Canon AE-1 beschäftigen, sollten wir uns zunächst einmal über einige grundsätzliche Konstruktionsmerkmale einer Kamera klarwerden, ohne deren Verständnis die weiteren Erläuterungen in der Luft hängen würden. Was eigentlich ist eine Kamera? Grob gesprochen könnten wir vielleicht unterscheiden zwischen dem Körper und dem Auge:

1. Das Gehäuse

Das Gehäuse unserer Kamera ist zunächst einmal eine Art Dunkelkammer, in der unser Film auch dann lichtdicht aufbewahrt wird, wenn er zur Belichtung aus der eigentlichen Filmpatrone herausgespult wird. Natürlich enthält dieses Gehäuse auch noch sämtliche wichtigen Bedienungselemente, die uns jedoch hier noch wenig interessieren. Nur einem Bauteil gilt in diesem Zusammenhang unser besonderes Interesse: dem Verschluß. Dessen Aufgabe ist es, unsere «Dunkelkammer» jeweils einen winzigen Augenblick nach vorn zu öffnen, so daß das durch das Objektiv einfallende Licht auf den Film einwirken kann. Da jeder Film nur eine bestimmte Empfindlichkeit haben kann, die Lichtverhältnisse jedoch, wie wir alle wissen, in sehr weiten Grenzen schwanken, ergibt sich die Notwendigkeit, die Dauer dieser «Belichtung» so zu regulieren, daß nur jene Menge Licht den Film erreicht, die eine im fotografischen Sinn brauchbare Abbildung erzeugt. Mit anderen Worten, die Belichtungszeit muß sich verändern lassen. Genau das ist es, was die Kamera mit ihren Verschlußzeiten gestattet: Stellen wir den Verschlußzeitenknopf z. B. auf «125» ein, so öffnet sich der Verschluß für $^1/_{125}$ Sekunde.

Es leuchtet ein, daß dem Verschluß als Mittel der Belichtungssteuerung enorme Bedeutung zukommt. Während man früher weitgehend sogenannte Zentralverschlüsse verwendete, bei denen die Verschlußlamellen im Objektiv eingebaut waren und sich zentrisch von der Mitte nach außen öffneten, basieren praktisch alle modernen Kameras auf einem Schlitzverschluß. Dieser nämlich ist die Voraussetzung für die Auswechselbarkeit der Objektive. Er besteht im Normalfall aus zwei Rollos, die unmittelbar vor dem Film angeordnet sind und im Ruhezustand das Bildfenster abdecken. Im Moment der Auslösung wird der erste Verschlußvorhang freigegeben und läuft mit einer bestimmten, gleichbleibenden Geschwindigkeit über das Bildfenster. Je nach der eingestellten Verschlußzeit setzt sich der zweite Verschlußvorhang früher oder später in Bewegung, um das Bildfenster wieder zu schließen. Bei einer Zeit, die in der AE-1 bei $^{1}/_{60}$ s liegt, ist dabei das Bildfenster in der Kamera für den Bruchteil einer Sekunde voll geöffnet. Stellen wir eine kürzere Zeit ein, so setzt sich der zweite Verschlußvorhang bereits in Bewegung, während der erste noch abläuft. Mit anderen Worten, die Belichtung erfolgt durch einen wandernden Spalt zwischen beiden Verschlußvorhängen, der immer enger wird, je kürzer die eingestellte Verschlußzeit. Bei $^{1}/_{1000}$ s z. B. bewegt sich nur noch ein relativ schmaler Spalt über das Bildfenster.

Diese Arbeitsweise eines Schlitzverschlusses erklärt auch, warum die Blitzsynchronisation nur bis zu einem bestimmten Punkt möglich ist: bis zu jener Zeit, bei der das Bildfenster einmal ganz kurz voll geöffnet ist. In diesem Augenblick kann der Blitz gezündet werden, so daß das gesamte Bildformat gleichmäßig belichtet wird. Wenn wir eine kürzere Zeit einstellen, kann ein Blitz niemals das gesamte Bildformat belichten, sondern nur jeweils den gerade freigegebenen Belichtungsspalt.

2. Das Objektiv

Es ist gewissermaßen das Auge unserer Kamera, das ein normalerweise verkleinertes Abbild des Aufnahmegegenstands entwirft, aus der sich die Bildfeldmaske im Kameragehäuse einen Ausschnitt herauspickt, der dem Aufnahmeformat der Kamera entspricht. In unserem Fall beträgt die Formatgröße 24 mm × 36 mm – ein Format, das im Deutschen als «Kleinbild» bezeichnet wird. Wenn Sie dafür gelegentlich auch «35-mm-Format» oder ähnliches lesen, so haben Sie es lediglich mit einem deutschen Autor zu tun, der mit ziemlicher Sicherheit miserables Englisch spricht, aber doch stolz darauf ist, wenigstens einen englischen Fachausdruck ins Deutsche hinüberzuschleppen.

Ich sagte vorhin, die Bildfeldmaske in der Kamera picke sich einen Ausschnitt aus dem vom Objektiv entworfenen Bild heraus. Warum dies so sein muß, wird schnell klar, wenn wir uns vergegenwärtigen, daß unsere Objektive ja aus runden Linsen bestehen und folglich auch ein rundes Bild entwerfen, in das das Aufnahmeformat so hineinpassen muß, daß auch die Ecken noch ausreichend Licht erhalten und nicht abgeschattet werden. In der Optik nennt man diese Abschattung der Bildecken «Vignettierung» – ein Effekt, der im Normalfall ausgesprochen unerwünscht ist und für dessen Vermeidung man in der Optik eine Menge Geld ausgibt.

In einem Punkt ist das Kameraobjektiv unserem Auge weit voraus: von der Konstruktion her läßt sich nämlich festlegen, welchen Bildwinkel ein Objektiv für das gegebene Format erfassen

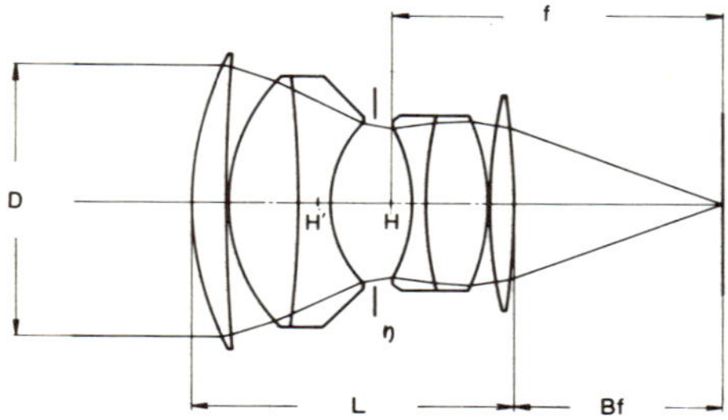

Dieser Linsenschnitt verdeutlicht einige in der Optik verwendete grundlegende Maße. Dabei sind f = Brennweite; D = wirksamer Öffnungsdurchmesser; H' = Dinghauptpunkt; H = Bildhauptpunkt; L = Gesamtlänge des optischen Systems; Bf = Schnittweite, d. h., Abstand zwischen dem hinteren Linsenscheitel und der Bildebene.

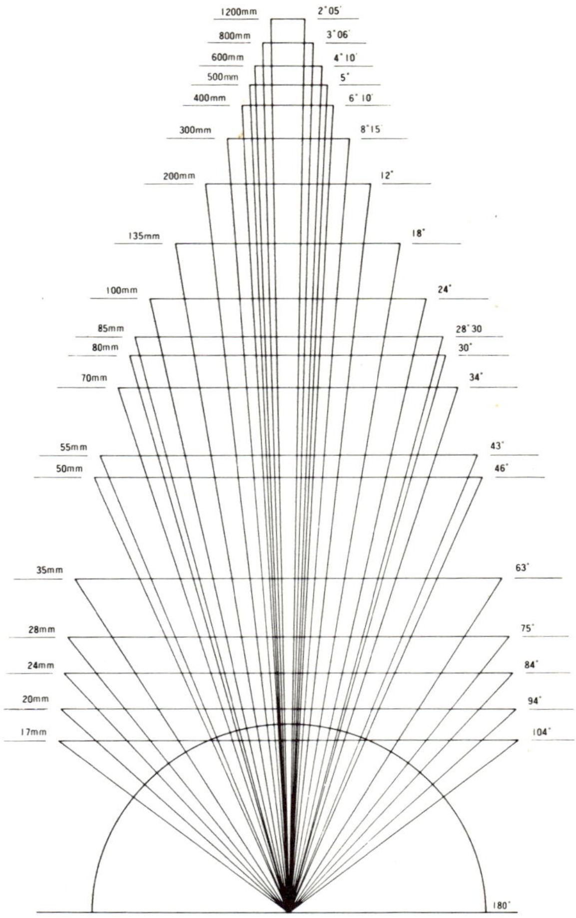

Dieses Schema zeigt recht anschaulich, welchen Bildwinkel die zur AE-1 verfügbaren Canon-Objektive von ein und demselben Standpunkt aus erfassen. Der größte angegebene Winkel von 180° gilt für die beiden Fischaugen-Objektive im Canon-Programm.

soll, das heißt, wieviel von der vor uns liegenden Szene es auf dem Film abbildet. Hierfür maßgeblich ist seine **Brennweite.** Damit bezeichnet man in der Optik den Abstand von einer imaginären Hauptebene des optischen Systems zur Filmebene, in der ein scharfes Bild entsteht. Die Wirkung einer kurzen oder langen Brennweite auf den Bildwinkel läßt sich sehr leicht dadurch simulieren, daß Sie Daumen und Zeigefinger zu einem Kreis schließen und diesen zunächst direkt ans Auge halten: Sie überblicken relativ viel von der Szene vor Ihnen. Die Wirkung des von Ihren Fingern gebildeten Lochs entspricht ungefähr der einer kurzen Brennweite, der eines Weitwinkelobjektivs. Wenn Sie jetzt die Finger langsam vom Auge entfernen, so sehen Sie durch das verbleibende Loch immer weniger, je größer der Abstand Ihrer Hand vom Auge. Dieser Effekt entspricht etwa dem einer Verlängerung der Brennweite. Das heißt, mit diesem sehr einfachen Versuch haben Sie zum Schluß eine lange Brennweite vorgetäuscht, wie sie den Tele- oder Fernobjektiven zu eigen ist. So können wir unserer Kamera gewissermaßen Insektenaugen für eine Art Panoramablick oder Stielaugen für die Abbildung nur kleiner Ausschnitte über zum Teil beträchtliche Entfernungen aufsetzen, denn die Glasaugen unserer AE-1 als moderner Systemkamera sind auswechselbar.

Auf den Objektiven wird die Brennweite in Millimeter angegeben. Dabei haben sich 50 mm in der Kleinbildfotografie als Normalbrennweite eingebürgert, weil diese Brennweite in großen Zügen unserem normalen Augeneindruck entspricht. Eine kürzere Brennweite als 50 mm führt somit in den Bereich der Weitwinkelobjektive, eine längere hin zu den Tele- bzw. Fernobjektiven.
Da wir einmal bei den grundlegenden Objektivcharakteristika sind, wollen wir schnell noch einen weiteren Begriff klären, der im folgenden des öfteren vorkommen wird: die **Lichtstärke.** Sie ist ein Maß dafür, wieviel Licht unser Objektiv einläßt. Es liegt auf der Hand, daß die Lichtmenge größer ist, wenn wir ein größeres «Loch» verwenden, als wenn kleinere Linsendurchmesser nur eine weniger große Öffnung freigeben. Um hier ein allgemeingültiges Maß einzuführen, verwendet man im Deutschen eine Verhältniszahl, welche die Beziehung zwischen dem größten wirksa-

men Linsendurchmesser und der Brennweite des Objektivs ausdrückt. So finden Sie zum Beispiel auf Ihrem Normalobjektiv die Gravur «1 : 1,8» oder aber «1 : 1,4». Je höher dabei die 2. Zahl, desto kleiner ist Öffnung und um so weniger lichtstark das Objektiv. Das klingt fast wie eine qualitative Aussage – genau das ist sie jedoch nicht. Lassen Sie sich bitte nicht zu der Annahme verleiten, ein lichtstarkes Objektiv wäre «besser» als ein lichtschwächeres. Ganz und gar nicht. Lichtstarke Objektive bedeuten lediglich, daß wir auch unter schlechteren Lichtverhältnissen noch fotografieren oder aber bei besseren Lichtverhältnissen gegebenenfalls eine kürzere Verschlußzeit verwenden können. Natürlich sind dies ganz wesentliche Vorteile, zu denen sich einige weitere hinzugesellen, die wir im Laufe des Buches noch erwähnen werden. Mit der eigentlichen Leistung eines optischen Systems hat seine Lichtstärke jedoch absolut nichts zu tun. Im Gegenteil. In dem Maße, in dem die Lichtstärke eines Objektivs steigt, müssen die Durchmesser seiner Linsen zwangsläufig zunehmen. Das ist ein optisches Gesetz, an dem wir nicht vorbeikommen. Mit größeren Linsendurchmessern wird es jedoch immer schwieriger, die natürlichen Abbildungsfehler einer Linse aus Glas zu beherrschen. Das heißt, wollen wir auch bei hoher Lichtstärke noch hohe optische Leistung erzielen, werden immer aufwendigere – und damit kostspieligere – konstruktive Maßnahmen erforderlich. Dies erklärt, warum gute Objektive hoher Lichtstärke nicht gerade billig sind. «Schärfere Aufnahmen» im landläufigen Sinne jedoch vermögen sie Ihnen nicht zu geben, wenn wir einmal von einigen wenigen Spezialobjektiven absehen.
In einem weiteren Punkt schließlich haben sich die Konstrukteure fotografischer Kameras von unserer eigenen Anatomie inspirieren lassen. Ähnlich der Iris unseres Auges haben sie das Foto-Objektiv nämlich mit einer sogenannten **Blende** versehen, mit der sich die wirksame Öffnung des Systems verändern läßt. Damit gewinnen wir eine Art «Lichtventil», das sich wiederum dazu eignet, die vorhandene Lichtintensität an die Empfindlichkeit des verwendeten Films anzupassen. Während also der Verschluß die Länge der Belichtung bestimmt, regelt die Objektivblende die einfallende Lichtmenge. Über die Wechselwirkung zwischen Verschluß und Blende werden wir uns anschließend unterhalten.

Das Rüstzeug des Fotografen

Es sind nur wenige, ganz einfache Dinge, die den Grundstock der fotografischen Aufnahmetechnik ausmachen. Was ein Verschluß und was eine Blende ist, wissen wir inzwischen. Auch ihre Arbeitsweise ist uns kein Geheimnis mehr. Somit können wir den nächsten Schritt tun und uns der Wechselwirkung dieser beiden auf die Belichtung zuwenden.

Die heute verwendeten Verschlußzeitenintervalle ergeben jeweils eine Halbierung bzw. Verdoppelung der Belichtungszeit. Bei $^1/_{60}$ s kann das Licht doppelt so lange auf den Film einwirken wie bei $^1/_{125}$ s. Eine Belichtungszeit von $^1/_{500}$ s ist nur halb so lang wie eine Belichtung mit $^1/_{250}$ s.

Ganz ähnlich verhält es sich mit der Blende. Auch hier verwendet man im Normalfall Stufen, bei denen jeweils die doppelte bzw. halbe Lichtmenge der vorhergehenden Stufe eingelassen wird. Diese sogenannte Blendenreihe lautet heute 1,4 – 2 – 2,8 – 4 – 5,6

Die sich überlappenden, hauchdünnen Stahllamellen der Objektivblende gestatten eine bequeme Drosselung des Lichteinfalls. Die links dargestellte Öffnung ist relativ groß und entspricht z. B. Blende 4
So stellt sich eine «kleine Blende» – z. B. 16 – dar (rechts). Das Objektiv wird bis auf eine kleine Öffnung «abgeblendet».

– 8 – 11 – 16 – 22 – 32. Die kleinste Zahl entspricht dabei der größten Öffnung, der höchsten Lichtstärke. Für denjenigen, der sich bisher nur wenig mit fotografischer Technik beschäftigt hat, mag dies am Anfang etwas verwirrend sein. Denn es kommt hinzu, daß man in der fotografischen Praxis den Begriff der Blendenzahl der Einfachheit halber zu «Blende» verkürzt und diesen Begriff sowohl für die mechanische Vorrichtung z. B. der Irisblende als auch für die entsprechende Blendenzahl verwendet, die der jeweils eingestellten und freigegebenen Öffnung entspricht. Wenn man folglich in der Praxis von einer großen Blende spricht, so ist damit eine kleine Blendenzahl gemeint und umgekehrt. Diese vermeintliche Schwierigkeit verliert viel von ihrem Schrecken, wenn Sie sich einfach angewöhnen, den Begriff der Blende mit jenem der Öffnung gleichzusetzen. Eine große Blende entspricht einer großen Öffnung, und wir brauchen uns nur noch zu merken, daß die Blendenzahlen bei voller Öffnung anfangen und mit dem Maß der Abblendung immer höhere Werte annehmen.

Der fotografischen Praxis folgend, wollen auch wir fortan in diesem Buch nur noch von «Blende 8» oder «Blende 1,4» sprechen, wenn es sich streng genommen um Blendenzahlen handelt.

Dem aufmerksamen Beobachter wird beim Studium der Objektivdaten auffallen, daß es bei einigen Objektivtypen Lichtstärken gibt, die nicht in das starre Schema der vorgenannten Blendenreihe hineinpassen. Diese Ausreißer durchbrechen tatsächlich das Prinzip der strengen Halbierung bzw. Verdoppelung der einfallenden Lichtmenge, weil von seiten der Konstruktion versucht wurde, eine unter den gegebenen Verhältnissen höchstmögliche Lichtstärke zu erzielen. So entstehen Werte wie 1:1,2 – 1:1,8 – 1:2,5 – 1:3,5 oder auch 1:4,5. Im Prinzip braucht uns dieses Aus-der-Reihe-tanzen bei einer modernen Reflexkamera mit Innenmessung – und im Falle der AE-1 obendrein mit Belichtungsautomatik – kaum zu interessieren. Die Belichtungsmessung erfolgt in jedem Falle exakt, und die volle Öffnung des Objektivs entscheidet lediglich darüber, wie lange wir auch bei schlechtem Licht noch fotografieren können.

Sie mögen sich nun fragen, warum wir eigentlich zwei Vorrichtungen brauchen, um die Stärke des einfallenden Lichts der Empfindlichkeit des Films anzupassen: Verschluß und Blende. Denn es liegt auf der Hand, daß beide in einer direkten Wechselwirkung zueinander stehen und eine ganze Anzahl verschiedener Kombinationen zulassen, die auf dem Film dieselbe Belichtung hervorrufen. Nehmen wir zum Beispiel an, eine Verschlußzeit von $^1/_{250}$ s und Blende 5,6 würde zur richtigen Belichtung führen. Verlängern Sie in diesem Fall die Verschlußzeit um eine Stufe – das heißt, stellen Sie $^1/_{125}$ s ein – so genügt es, die Blende um eine Stufe auf 8 zu schließen, um exakt die gleiche Belichtung zu erhalten wie vorher. Umgekehrt könnten Sie natürlich auch die Verschlußzeit um eine Stufe auf $^1/_{500}$ s verkürzen und die Blende dafür um eine Stufe auf 4 öffnen. Wieder wäre die Belichtung die gleiche. Dieses Spiel läßt sich im Rahmen des verfügbaren Blenden- bzw. Verschlußzeitenbereichs in beliebigen Variationen treiben. Solange die Anzahl der Stufen bei der Änderung der Verschlußzeit bzw. der Blende gleich bleibt, wird sich die Belichtung nicht ändern. Wozu das alles und für welche der möglichen Kombinationen man sich denn nun entscheiden sollte? Genau damit kommen wir zu einem der Angelpunkte der fotografischen Aufnahmetechnik überhaupt: dem Einfluß von Blende und Verschlußzeit auf das Bild.

Verschlußzeit = Konturenschärfe

Um uns den Einfluß der Verschlußzeit auf das Bild zu verdeutlichen, brauchen wir eigentlich kaum geistige Klimmzüge zu machen. Denn selbst dem Uneingeweihten dürfte einleuchten, daß ein Bild in – sagen wir – $^1/_{500}$ s viel weniger Gelegenheit hat, sich zu verschieben und damit in der Fotografie «unscharf» zu werden als bei einer Belichtung von vielleicht einer vollen oder einer halben Sekunde. Wenn ich hier generell von einer Verschiebung des Bildes spreche, so denke ich dabei an zwei Komponenten: zum einen kann sich natürlich irgendein Detail in der aufgenommenen Szene verschieben; vielleicht bewegt sich eine Person, ein Fahrzeug, ein Zweig. Zum anderen jedoch kann auch die

Kamera während der Belichtung ihre Lage verändern. Das wird besonders dann der Fall sein, wenn Sie für die Aufnahme kein Stativ verwenden – und wer tut das schon normalerweise? So kommt es zu der berüchtigten Verwacklungsunschärfe, hervorgerufen durch ungünstige Kamerahaltung, ruckartige Betätigung des Auslösers oder schlechthin Ihren Tatterich. Sie werden es vielleicht nicht glauben, doch in der Praxis läßt es sich leicht beweisen: auch mit $^1/_{250}$ s können Sie eine Aufnahme durchaus «verreißen», wie man in der Fotografie dazu sagt. Daraus ergibt sich, daß der Verschlußzeit eine sehr wichtige Funktion für die Schärfe Ihrer Aufnahmen zukommt. Es ist nicht nur Unwissenheit, sondern auch eine Unsitte, sich eine 08-15-Einstellung für die Verschlußzeit anzugewöhnen und das restliche Licht einfach mit der Blende abzuschneiden.

Blende = Schärfentiefe

Mit der Schärfentiefe fällt ein Stichwort, das in der Fotografie immer wieder auftaucht und von enormer Bedeutung für die Bildgestaltung ist. Lassen Sie uns zunächst untersuchen, was eigentlich genau mit dieser Bezeichnung gemeint ist.

Während unser Auge die vor uns liegende Szene in sehr schneller Folge Stück für Stück abtastet, so daß wir den Eindruck großer Schärfe gewissermaßen ungeachtet der Entfernung erhalten, vermag ein optisches System strenggenommen nur eine einzige Ebene scharf abzubilden. Alle in dieser Ebene, das heißt in der am Objektiv eingestellten Entfernung, liegenden Objektdetails werden scharf auf den Film projiziert. Objektpunkte vor und hinter dieser Ebene jedoch werden vom optischen System als immer größer werdende Scheibchen wiedergegeben. Nun gibt es allerdings auch für unser Auge eine Grenze, an der es aufhört, Einzelheiten noch aufzulösen. So kommt es, daß uns diese Bildscheibchen erst als solche zum Bewußtsein kommen, wenn sie einen gewissen Durchmesser erreichen. Bis zu dieser Grenze glauben wir, einen bestimmten Bereich innerhalb eines Bildes als scharf wiedergegeben zu erkennen. Und dieser Bereich scheinbarer

Schärfe ist es, der mit der Bezeichnung «Schärfentiefe» gemeint ist.

Da die Schärfentiefe in der Fotografie von so großer Bedeutung ist, müssen wir uns gleich anschließend darüber klarwerden, von welchen Faktoren sie beeinflußt wird. Denn nur, wenn wir diese Einflüsse verstehen, werden wir in der praktischen Anwendung mit der Schärfentiefe so umgehen können, daß Knipsen zum Fotografieren wird. Grundsätzlich können Sie davon ausgehen, daß sich folgende drei Faktoren in der Schärfentiefe niederschlagen:

1. Die Blende. Nach unumstößlichen optischen Gesetzen verändert sich der Bereich der Scharfabbildung eines optischen Systems bei einer gewissen Einstellentfernung mit seiner Öffnung, also mit der für die Belichtung verwendeten Blende. Je kleiner nämlich die Blendenöffnung, um so größer wird die Schärfentiefe. Jetzt wird auch die Rolle der Blende in der Kamera verständlich, denn im Wechselspiel mit der Verschlußzeit gestattet sie eine ganz wesentliche Einflußnahme auf die Art der Abbildung. Die sich daraus ergebenden gestalteri-

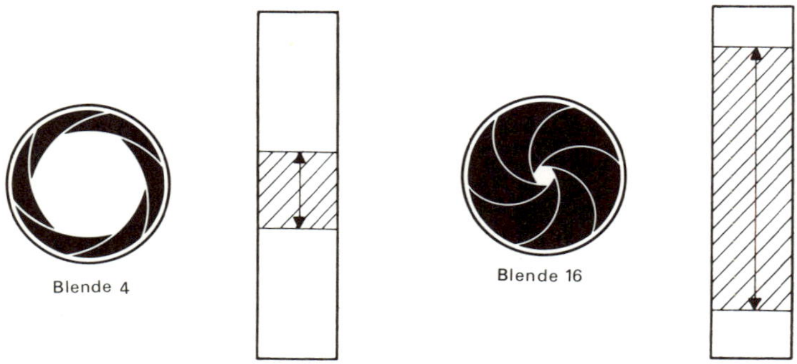

Einer der wesentlichsten Einflußfaktoren auf die Schärfentiefe ist die Blende. Während bei Blende 4 nur ein relativ knapper Bereich scharf erfaßt wird, führt die Abblendung des Objektivs auf z. B. 16 zur Scharfabbildung eines wesentlich größeren Bereichs.

schen Möglichkeiten werden wir später noch unter dem Begriff der selektiven Schärfe ausführlicher untersuchen.

2. Die Brennweite. Je länger die Brennweite, je weiter wir also in den Bereich der Tele- und Fernobjektive geraten, um so geringer wird bei Aufnahmen vom gleichen Standpunkt die Schärfentiefe. Auch diese grundsätzliche Erkenntnis hat großen Einfluß auf die Aufnahmetechnik. Danach gestattet ein Weitwinkelobjektiv die Erfassung eines wesentlich größeren Schärfenbereichs als ein Normal- oder gar Teleobjektiv. Bei langen Brennweiten nimmt die Schärfentiefe rapide ab.

3. Die Einstellentfernung. Je weiter auf unendliche Abstände Sie ein Objektiv einstellen, um so größer wird auch der bei den einzelnen Blenden scharf erfaßte Bereich. Für die Praxis bedeutet dies, daß wir bei kürzeren Aufnahmeabständen oft mit der Schärfentiefe in Bedrängnis geraten, wenn die Lichtverhältnisse eine große Blende (= Öffnung) fordern, bei der nach Regel 1 schon von dieser Seite her nur mit einer geringen Schärfenzone zu rechnen ist. Hier überlagern sich also zwei gleichsinnig wirkende Faktoren und verstärken den Effekt.

   Ganz krass werden die Verhältnisse schließlich bei Nah- oder Makro-Aufnahmen, bei denen die Einstellung einer kleinen Blende fast unumgänglich wird, um überhaupt noch eine brauchbare Schärfenzone herauszukitzeln.

Wenn wir diese Grundbegriffe der Wechselwirkung zwischen Verschlußzeit und Blende einerseits und der Beziehungen zwischen Blende, Brennweite und Einstellentfernung andererseits einmal wirklich verstanden haben, wird ein Großteil der fotografischen Aufnahmetechnik auf einmal transparent. Ich möchte Ihnen deshalb wirklich ans Herz legen, sich diese wenigen einfachen Grundlagen gegebenenfalls noch einmal in aller Ruhe durch den Kopf gehen zu lassen, bis sie Ihnen im wahrsten Sinne des Wortes selbstverständlich sind. Sie sind die Fundamente, auf denen unser weiteres Verstehen aufbaut. Um sie rankt sich letzten Endes die gesamte Fotografie.

①
②
③
④
⑤
⑥
⑦
⑧
Canon
AE-1

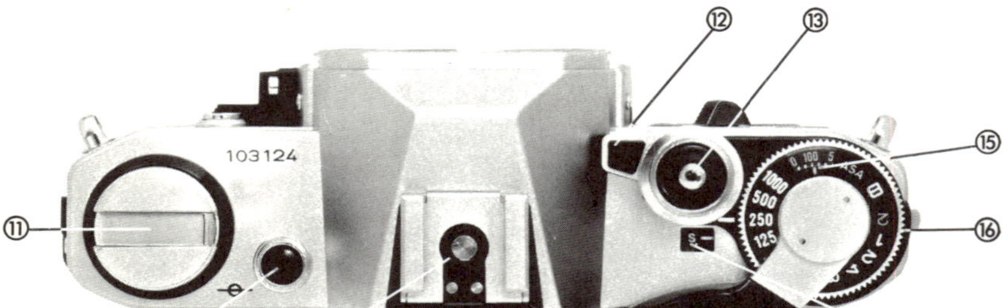

⑨
⑩
⑪
⑫
⑬
⑭
⑮
⑯
⑰
103124

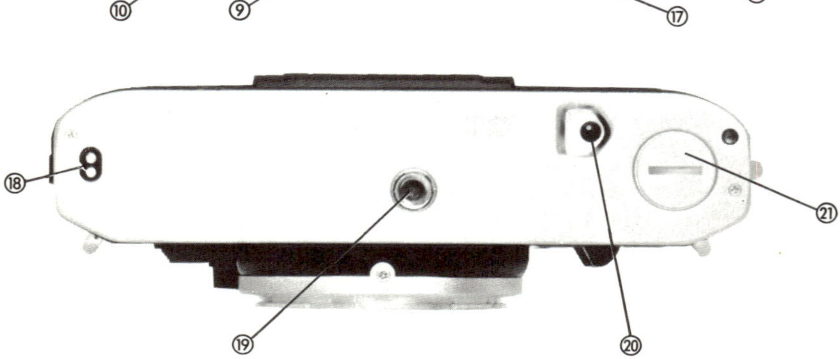

⑱
⑲
⑳
㉑

Die Technik der AE-1 im einzelnen

So gerüstet, wollen wir uns die technische Seite der AE-1 nun etwas genauer ansehen, denn inzwischen können wir uns unter den grundlegenden Begriffen, die dazugehören, wenigstens etwas vorstellen. Diese technische Betrachtung ist durchaus nicht überflüssig, denn ich kann Ihnen bei dieser Gelegenheit einige gerätetechnische Grundkenntnisse vermitteln, die Ihr allgemeines Verstehen dieser Kamera fördern und damit zwangsläufig die Art und Weise beeinflussen werden, wie Sie mit ihr umgehen und wie weit Sie die gebotenen Möglichkeiten auch wirklich nutzen.

Die einäugige Spiegelreflexkamera (ESR)

Angefangen hat es mit Oskar Barnack, der noch vor dem ersten Weltkrieg eine Kleinkamera konstruierte, in der sich normaler, doppelseitig perforierter Kinofilm verwenden ließ. Durch die Kriegswirren verzögert, entschloß sich die Fa. Ernst Leitz – bei der Oskar Barnack Werkmeister war – im Jahre 1924, die Fertigung dieser neuartigen Kamera aufzunehmen. Damit begann die einzigartige Geschichte der KB-Fotografie, noch heute verwenden wir das gleiche Filmformat – doppelseitig perforierten Kinofilm.

---

1 Rändelring zur Einstellung der Filmempfindlichkeit bzw. Verschlußzeit 2 Rückspulknopf 3 Kabelkontakt 4 Taste zur Gegenlichtkorrektur 5 Belichtungsprüftaste 6 Abblendknopf 7 Abblendhebel 8 Batteriefachdeckel mit Fingerstütze 9 Zubehörschuh mit Mittenkontakt 10 Batterieprüfknopf 11 ausklappbare Rückspulkurbel 12 Selbstauslöserhebel und Auslöser-Feststeller 13 Auslöser mit Drahtauslösergewinde 14 Bildzählwerk 15 Filmempfindlichkeitsskala 16 Verschlußzeitenknopf 17 Schnellschalthebel 18 Motor-Kontakte 19 Stativbuchse 20 Freilaufknopf 21 Schraubdeckel über Transportkupplung für Motor

Das grundlegende Konstruktionsprinzip der Barnackschen Leica wird auch heute noch in den zahlreichen Kompaktkameras für das Kleinbildformat verwendet, bei denen es sich meist um sogenannte Meßsucherkameras handelt. Dabei bedient man sich eines zusätzlichen optischen Durchsichtssuchers zur Wahl des Bildausschnitts bei der Aufnahme. Diese Lösung des Sucherproblems allerdings ist es gerade, die Probleme aufwirft. Die räumliche Trennung von Objektiv und Suchersystem führt unweigerlich zu gewissen Differenzen zwischen dem, was das Auge im Sucher und die Kamera auf dem Film sieht. Die sogenannte Parallaxe wirkt sich aus, eben jener Abstand zwischen den Achsen der beiden Systeme. Bei näheren Aufnahmeabständen schließlich schielt der Sucher glatt an dem vorbei, was die Kamera eigentlich aufnimmt. Verwendet man gar Wechselobjektive, wird die Sache noch komplizierter, denn wie wir bei der Besprechung der grundlegenden Eigenschaften eines Objektivs gesehen haben, ändert sich ja mit der Brennweite auch der Bildausschnitt. Diese Änderung für verschiedene Brennweiten jedoch läßt sich mit einem Durchsichtssucher nur schwer und auch nur für einige wenige Brennweiten berücksichtigen. Dann hat dieses Prinzip seine Grenzen erreicht.

Der große Durchbruch zur Vielseitigkeit der Kleinbildfotografie, wie wir sie heute kennen, kam kurz nach dem zweiten Weltkrieg. Kurz vor Anbruch der fünfziger Jahre nämlich fiel den Konstruk-

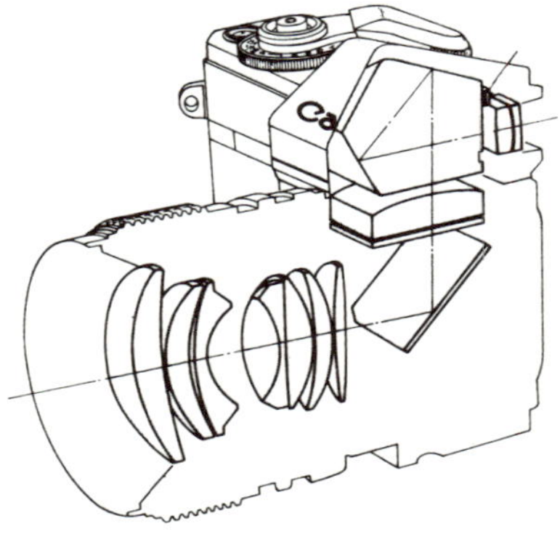

teuren bei der damaligen Zeiss Ikon in Dresden eine Lösung ein, wie man den bisherigen Nachteil der einäugigen Spiegelreflexkamera – ein seitenverkehrtes Bild im Querformat, das im Hochformat sogar noch auf dem Kopf stand – ausschalten konnte: man blickte nicht mehr von oben in den Lichtschacht der Kamera auf eine Mattscheibe, sondern schuf durch Aufsetzen eines Dachkantprismas einen Durchsichtssucher zur Betrachtung aus Augenhöhe, der ein seitenrichtiges und aufrechtstehendes Bild zeigte, und alle Vorteile des Reflexprinzips nutzen ließ.

Auch die Canon AE-1 ist eine solche einäugige Reflexkamera. Die Vorteile dieses Prinzips sind wahrlich beeindruckend: einen getrennten Sucher gibt es nicht mehr. Mit einem kleinen Trick hat man es fertiggebracht, direkt durch das Aufnahmeobjektiv zu blicken. Hinter dem Objektiv im sogenannten Spiegelkasten ist ein drehbar gelagerter Spiegel angeordnet, der das Licht im Normalfall nach oben umlenkt, so daß das Bild nicht in der Filmebene, sondern auf einer im gleichen Abstand, jedoch eben um 90° nach oben versetzt, angebrachten Mattscheibe – der sogenannten Einstellscheibe – entworfen wird. Um dieses Mattscheibenbild einer Durchsichtsbetrachtung zugänglich zu machen, befindet sich oberhalb dieser Einstellscheibe ein Pentaprisma, das wegen seiner typischen Form üblicherweise als Dachkantprisma bezeichnet wird und dem Auge ein Sucherbild mit normalen Seitenverhältnissen zeigt.

Die Skizze verdeutlicht das Prinzip der einäugigen Spiegelreflexkamera: das vorn durch das Objektiv einfallende Licht wird durch einen Spiegel nach oben umgelenkt, so daß auf der kurz darüber liegenden Mattscheibe mit Kondensorlinse ein Bild entworfen wird, welches durch das Sucherokular nach zweimaliger Umlenkung an den verspiegelten Flächen eines Dachkantprismas seitenrichtig und aufrechtstehend betrachtet wird. Zur Aufnahme selbst klappt der Spiegel nach oben und legt sich an die Mattscheibe an: der Weg ist frei, so daß das Licht ungehindert auf das vom Verschluß freigegebene Filmstück gelangen kann.

Nachdem wir stets durch das Aufnahmeobjektiv blicken, können wir in unserer Reflexkamera alle Parallaxensorgen vergessen. Sucherachse und Aufnahmeachse sind identisch. Mit der AE-1 wird es Ihnen nie passieren, daß Sie Köpfe abschneiden oder bei sehr kurzen Aufnahmeabständen Schwierigkeiten mit der Ausschnittwahl bekommen. Ob Sie dabei ein Weitwinkelobjektiv in der Kamera haben, ein Normalobjektiv oder ein Fernobjektiv, spielt ebensowenig eine Rolle. Stets sehen Sie in gleicher Größe genau das, was bei Druck auf den Auslöser auf dem Film belichtet wird. In der Praxis bedeutet dies, daß eine Reflexkamera nicht nur unschlagbar vielseitig ist, sondern auch einen sehr hohen Bedienungskomfort bietet und viele Fehlerquellen ausschaltet.

Doch damit sind die Vorteile der Reflex noch nicht am Ende. Im Gegensatz zum Durchsichtssucher einer Meßsucherkamera nämlich zeigt Ihnen der Reflexsucher das Bild so, wie es das Objektiv sieht. Das bedeutet, daß Sie eine wesentlich plastischere Vorstellung von der späteren Bildwirkung erhalten und das Bild nicht «umzudenken» brauchen. Geradezu ideal ist die Scharfeinstellung auf der Mattscheibe. Der Berufsfotograf bedient sich seit jeher dieser Methode, wenn auch meist im weit größeren Format. Mit zusätzlichen Einstellhilfen im Sucher der AE-1 – einem Schnittbildentfernungsmesser und einem Mikroprismenring – ist auch das Format kein Argument mehr, eine präzise Punkteinstellung ist im Reflexsucher dieser Kamera wirklich leicht geworden. In dem Augenblick, in dem Sie den Auslöser drücken, ist der Spiegel natürlich im Weg. Folglich wird er blitzschnell nach oben geschwenkt und legt sich dabei von unten so über die Einstellscheibe, daß der Spiegelkasten auf dieser Seite völlig lichtdicht abgeschlossen wird. Nunmehr gelangt das vom Objektiv entworfene Bild geradlinig nach hinten und kann auf den Film einwirken, sobald sich der Verschluß öffnet.

Der Schlitzverschluß

Der in der Canon AE-1 verwendete Tuch-Schlitzverschluß läuft horizontal ab und läßt sich bis zu einer kürzesten Zeit von 1/60 s

mit Elektronenblitzen synchronisieren. Sämtliche Zeiten werden elektronisch gesteuert, so daß zum Betrieb der Kamera grundsätzlich eine Batterie erforderlich ist. Es gibt Leute, denen diese Abhängigkeit eines modernen elektronischen Geräts von der Spannungsversorgung den Angstschweiß auf die Stirn treibt – denn damit wäre die Kamera ja funktionsunfähig, wenn die Batterie verbraucht und keine neue Batterie zur Hand sein sollte. Seltsamerweise kommt es diesen Leuten nicht in den Sinn, beim Kauf ihrer Stereoanlage etwa darüber zu lamentieren, daß das schöne Gerät notgedrungen stumm bleibt, wenn einmal der Strom ausfallen sollte. Und auch beim Autohändler hat sich meines Wissens noch niemand beschwert, daß das teure Vehikel ganz einfach stehenbleibt, wenn man vergißt, hin und wieder Benzin nachzugießen . . .
Die in der Canon AE-1 einstellbaren Verschlußzeiten lassen Ihnen breiten Raum: von vollen zwei Sekunden bis zur $^1/_{1000}$ s können Sie den Lichtverhältnissen oder der Aufnahmesituation Rechnung tragen. Wichtig ist dabei, daß bei den Verschlußzeiten keine Zwischenwerte einstellbar sind, denn die AE-1 basiert mit ihrer Belichtungsautomatik nicht auf einer stufenlosen Nachsteuerung der Verschlußzeit, sondern der Blende.

Außerdem gibt es am Verschluß noch eine Einstellung, die mit «B» bezeichnet ist. Dieser Buchstabe geht zurück auf das englische «bulb» und stammt aus der Zeit, als man den Verschluß noch mit einem Gummiball pneumatisch auslöste. In der Einstellung «B» können Sie theoretisch beliebig lange Belichtungszeiten erzielen, denn der Verschluß bleibt so lange geöffnet, wie der Auslöser gedrückt gehalten wird. Daß diese Verschlußzeiteneinstellung nicht mit irgendeinem Meßsystem oder gar der Belichtungsautomatik gekuppelt sein kann, ist offensichtlich, denn die Dauer der Belichtung ist nicht mehr definiert.

Wechselobjektive mit Canon-Schnellbajonett

Nachdem die AE-1 einen Schlitzverschluß besitzt, ist die technische Voraussetzung für die Auswechselbarkeit ihres Objektivs gegeben. Und gerade die Möglichkeit, sich aus einem weitgespannten Programm von optischen Systemen das oder die jeweils am besten für die eigenen Zwecke geeigneten aussuchen und sie nach Herzenslust wechseln zu können, macht nicht nur die Vielseitigkeit, sondern auch den Reiz des Fotografierens mit einer modernen Systemkamera aus.

Als man sich in den Kindertagen der Kleinbildfotografie daranmachte, Kameras mit auswechselbaren Objektiven zu konstruieren, verfiel man zunächst auf die einfachste Lösung: man versah Objektive und Kamera einfach mit einem Schraubgewinde, und die Optik saß bombenfest. Nun mag es durchaus sinnvoll sein, Geräteteile durch ein Schraubgewinde zu sichern, wenn die primäre Aufgabe darin besteht, eine feste Verbindung zu schaffen. Kommt jedoch der Wunsch hinzu, diese Verbindung möglichst schnell und einfach relativ oft wieder zu lösen, so zeigt sich, daß ein Schraubgewinde durchaus keine optimale Lösung darstellt. In der Folge konstruierten einige Hersteller Bajonettanschlüsse für ihre jeweiligen Kameras. Meist benutzte man dabei das Prinzip, das Objektiv beim Einsetzen in die Kamera in seiner Gesamtheit zu drehen, bis es in einer bestimmten Stellung einrastete.

Es zeugt vom Weitblick Canons, daß man dort die eminente Bedeutung des Kamerabajonetts bereits vor nunmehr fast zwei Jahrzehnten erkannte. Während es noch heute Kamera- und Objektivhersteller gibt, die ein mühseliges Ausrichten und Einschrauben von Objektiven für das Ei des Kolumbus halten, konstruierte Canon bereits vor so langer Zeit einen Bajonettanschluß, der noch heute zu den besten Lösungen zählt, die wir auf diesem Gebiet kennen: das Canon-Schnellbajonett. Dieses Bajonett hebt sich durch eine Besonderheit von fast allen anderen Bajonettanschlüssen ab: es verzichtet nämlich auf eine Drehung des Objektivs zum Einsetzen bzw. Entnehmen von der Kamera und schont damit die hochpräzisen und für gleichbleibend gute Ergebnisse sehr wichtigen Anlageflächen von Objektiv und Kameragehäuse. Der einzige Teil, der sich am Canon-Bajonett dreht, ist ein Chromring, der das Objektiv am Kameragehäuse

Das seit nunmehr fast zwei Jahrzehnten von Canon verwendete Schnellbajonett findet auch in der AE-1 Anwendung und erschließt dieser Kamera damit sämtliche Canon-Reflex-Objektive.

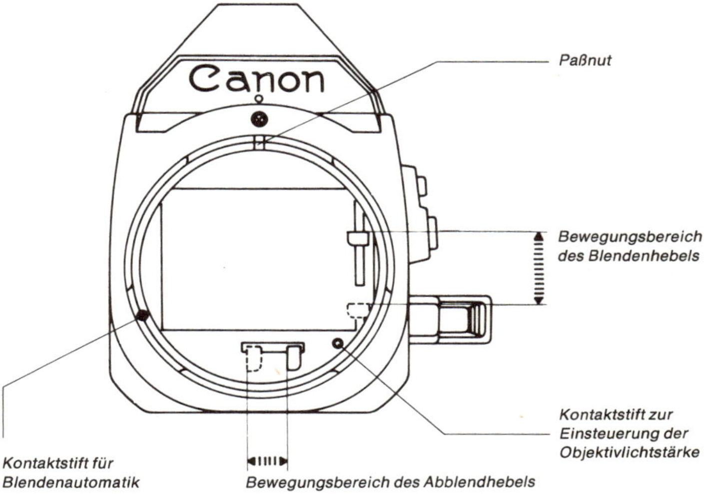

sichert. Dadurch geht der Vorgang des Objektivwechsels sehr schnell und problemlos vonstatten, die Objektive besitzen selbst nach vielen Jahren fleißigen Gebrauchs noch die gleichen jungfräulichen Anlageflächen, und die Verbindung zwischen Kameragehäuse und Objektiv ist absolut sicher selbst bei sehr schweren optischen Systemen.

Der Bajonettring der Canon-FD-Objektive besitzt übrigens in der zum Ansetzen an die Kamera nötigen Grundstellung eine selbsttätige Sperre. Sobald das Objektiv leicht an das Kameragehäuse angedrückt wird, löst sich diese Sperre, und der Bajonettring wird von Federkraft und ohne unser weiteres Zutun so weit gedreht, daß das Objektiv nicht mehr herunterfallen kann, selbst wenn wir es loslassen. Den Rest des Weges dreht man den Bajonettring anschließend von Hand. Wie stark man ihn festzieht, spielt übrigens keine Rolle für die saubere Anlage des Objektivs am Kameragehäuse.

Ein sehr wesentliches Moment für die Beurteilung eines Bajonettanschlusses ist auch die Größe des von ihm gelassenen freien Durchmessers, denn je geringer dieser Durchmesser, um so schwieriger wird es den Optikern, den Strahlengang der aufwendigen optischen Systeme, die uns heute zur Verfügung stehen, durch ein solch kleines «Loch» hindurchzuzwängen. Auch in diesem Punkt erwiesen sich die Canon-Ingenieure als umsichtig, denn bereits vor so langer Zeit legten sie sich auf einen großen Durchmesser fest, der sich in der Zwischenzeit wahrlich bezahlt gemacht hat. So ist Canon heute in der glücklichen Lage, mit seiner Bajonettfassung selbst die neuesten Entwicklungen spielend berücksichtigen zu können. Dabei ist dieses Bajonett trotz seines «Alters» nach dem heutigen Stand der Dinge eines der modernsten überhaupt.

Springblende und Blendenvorwahl

Wieder stoßen wir auf zwei Begriffe, die in diesem Zusammenhang noch sehr oft auftauchen werden und von grundlegender Bedeutung sind.

Praktisch alle zur AE-1 erhältlichen Canon-Objektive – und das sind inzwischen immerhin fast 40 – besitzen eine Springblende. Auf den einfachsten Nenner gebracht bedeutet dies, daß die Blende im Objektiv nur «vorgewählt» wird, selbst wenn Sie den Blendenring drehen oder wenn die Automatik der AE-1 sich für die jeweiligen Lichtverhältnisse die geeignete Blende aussucht. Die Blendenlamellen bleiben voll geöffnet und lassen stets die größtmögliche Lichtmenge ein, damit unser Sucherbild so hell wie möglich ist und wir bequem auf der Einstellscheibe scharfstellen oder «fokussieren» können, wie man in der Fotografie hierzu sagt. Denn bei der Betrachtung der Schärfentiefe hatten wir bereits festgestellt, daß diese bei sehr großer Öffnung am geringsten ist. Folglich ist die Scharfeinstellung um so leichter und genauer, je größer die Objektivöffnung, bei der sie geschieht. In dem Augenblick, in dem Sie den Auslöser drücken, beginnt sich in Ihrer AE-1 allerhand abzuspielen: die Blende springt auf die von Hand oder automatisch vorgewählte Öffnung – daher die Bezeichnung Springblende; der Spiegel klappt nach oben und gibt den Belichtungsstrahlengang frei; erst dann beginnt der Verschlußablauf. Nachdem das alles vorbei ist, klappt der Spiegel wieder nach unten und öffnet sich die Blende wieder voll, damit Sie im Sucher wieder etwas sehen. Das ganze vollzieht sich bei den üblicherweise verwendeten, relativ kurzen Verschlußzeiten so schnell, daß Sie den Ausfall des Suchers nur wie ein kurzes Augenzwinkern wahrnehmen.

Automatische Belichtungsregelung

Die Canon AE-1 ist eine Kamera, die im Bruchteil einer Sekunde – angeregt allein von Ihrem leichten Druck auf den Auslöser – automatisch das Licht mißt und für die Empfindlichkeit Ihres Films zu der eingestellten Verschlußzeit die richtige Blende vorwählt. Mit anderen Worten, sie nimmt Ihnen ganz wesentliche Bedienungsvorgänge ab. Bei aller modernen Elektronik und Automatik dürfen Sie jedoch nicht von ihr erwarten, daß sie auch noch das Denken für Sie übernimmt. Dazu ist sie nämlich nicht in der Lage. Doch schauen wir uns zunächst einmal das Meßsystem der AE-1 an.

Moderne Reflexkameras – und die AE-1 natürlich auch – besitzen ein sogenanntes Innenmeßsystem. Wer im Deutschen nur in englischen Begriffen denken kann, spricht auch von «TTL», der Abkürzung von «through the lens». Das nur zur Erläuterung, sollten Sie einmal in der Literatur über diese Bezeichnung stolpern.

Bei der Innenmessung wird die Intensität des durch das Objektiv einfallenden Lichts von einem gewissermaßen versteckt in der Kamera eingebauten Fotoempfänger gemessen. Das hat den großen Vorteil, daß Sie auch bei Verwendung unterschiedlicher Brennweiten in großen Zügen gleiche Meßverhältnisse antreffen und damit mit sehr gleichmäßigen Ergebnissen rechnen können. Der in der Canon AE-1 verwendete Fotoempfänger ist eine Siliciumzelle, die den bisher weitgehend verwendeten CdS-Fotowi-

Über dem Okular des Suchers der AE-1 ist die zur Lichtmessung verwendete Siliciumzelle (SPC) angeordnet. Eine Bildfeldlinse direkt hinter dem Dachkantprisma vermittelt ihr die Helligkeit des Sucherbildes. Bei normaler Benutzung möglicherweise von hinten durch das Sucherokular einfallendes Fremdlicht wird durch eine Lichtschutzblende daran gehindert, die Siliciumzelle zu erreichen, so daß es die Lichtmessung nicht verfälschen kann.

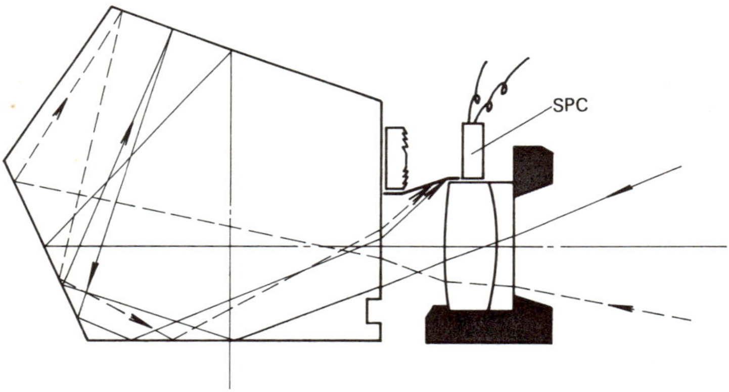

derständen gegenüber den großen Vorteil eines fast verzögerungsfreien Ansprechens und eines erweiterten Meßbereichs aufweist. Gerade schnelles Ansprechen ist für eine automatische Kamera sehr wichtig, denn Sie wollen ja vor der Auslösung nicht erst warten müssen, bis das Meßsystem endlich «fertig ist». So können Sie in der AE-1 den Auslöser unbeschadet voll durchdrücken in der Gewißheit, daß in der für uns unvorstellbar kurzen Zeit, die Sie dazu benötigen, die Belichtung gemessen und an der Kamera eingestellt wird.

Für die praktische Arbeit ist es ein unschätzbarer Vorteil, wenn eine Innenmeßkamera mit **Offenblendenmessung** arbeitet, wie dies in der AE-1 mit sämtlichen FD-Objektiven der Fall ist. Gemeint ist damit, daß Sie das Objektiv auch zur Belichtungsmessung nicht auf die vorgewählte sogenannte Arbeitsblende abblenden müssen, sondern daß die Kamera dies intern regelt. So ändert sich für Sie auch durch die Belichtungsmessung nichts am stets hellen Sucherbild, und es sind keinerlei zusätzliche Manipulationen erforderlich. Konstruktiv erfordert es natürlich einen gewissen Aufwand, dem Meßwerk jeweils zwei Dinge klarzumachen:

1. Wie hoch die Lichtstärke des eingesetzten Objektivs ist, denn mit dieser Lichtstärke, das heißt bei voller Öffnung, wird ja die Lichtmessung vorgenommen.

2. Bei Handeinstellung die vorgewählte Blende bzw. im Automatik-Betrieb die einzusteuernde Arbeitsblende.

Das Meßwerk der Kamera muß dann die Differenz zwischen jener zur Lichtmessung verwendeten und der zum Einsatz kommenden Arbeitsblende bilden. Sind die konstruktiven Voraussetzungen hierfür nicht gegeben, müßte die Belichtung bei Arbeitsblende gemessen werden. Hierüber werden wir auf Seite 84 sprechen.

Verschlußzeiten- gegen Blendenvorwahl

Hiermit betreten wir endgültig das Gebiet der Religionskriege, denn etwa diese Form nehmen die Auseinandersetzungen zwischen Anhängern des einen und des anderen Verfahrens an. Lassen Sie uns zunächst untersuchen, worum es der Sache nach geht.

Bei der Blendenvorwahl, wie sie heute bei vielen automatischen Kameras praktiziert wird, stellt der Benutzer eine gewünschte Blende ein, während sich die Kamera dazu automatisch und stufenlos die passende Verschlußzeit sucht. Aufgabe des Benutzers ist es dann, vor jeder Aufnahme genau die Stellung der Meßnadel im Sucher zu kontrollieren, um festzustellen, ob die angezeigte Verschlußzeit noch kurz genug ist, um Verwacklungsunschärfe einerseits oder Bewegungsunschärfe des Objekts andererseits auszuschalten. Mit anderen Worten, es ist vom Benutzer eine eindeutige Entscheidung zu treffen, ob die Einstellung brauchbar ist oder zunächst die Blendeneinstellung so verändert werden muß, daß die Meßnadel auf eine günstigere Verschlußzeit zeigt. Dieses Verfahren bietet die genau voraussehbare Beherrschung der Schärfentiefe – denn diese wird ja von der Blende beeinflußt. Für schnelles Arbeiten und Schnappschießen, bei dem eine automatische Kamera in ihrem eigentlichen Element ist, kann die Blendenvorwahl jedoch fast zur Halbautomatik werden, weil den Benutzer stets bewußte Steuerungsvorgänge von der Auslösung und optimalen Belichtung trennen.

Bei der Verschlußzeitenvorwahl, wie sie in der AE-1 Anwendung findet, ist es genau umgekehrt. Hier stellt der Benutzer zunächst eine feste Verschlußzeit ein, die sich nicht nur nach den allgemeinen Lichtverhältnissen, sondern auch nach der erwarteten Bewegung des Aufnahmegegenstands, den fotografischen Absichten und der Überlegung richten wird, welche Zeit überhaupt für Aufnahmen aus der Hand geeignet ist. Zu dieser Verschlußzeit sucht sich die Kamera dann automatisch die passende Blende.

Während die in anderen Kameras heute vielfach verwendete Blendenvorwahl konstruktiv wesentlich leichter zu beherrschen ist und weniger Aufwand erfordert, bietet die in der Canon AE-1 verwirklichte Verschlußzeitenvorwahl für schnelles Arbeiten eindeutig einen Zeitvorteil. Hier genügt nämlich normalerweise ein kurzer, prüfender Blick, dessen einziger Zweck es ist, festzustellen, ob die Meßnadel überhaupt im verfügbaren Blendenbereich steht, ohne daß eine bewußte Prüfung erforderlich wäre, **wo** sie steht. Denn im Falle der Verschlußzeitenvorwahl haben wir stets die Gewißheit, daß die ungleich kritischere der beiden Komponenten – eben die Verschlußzeit – fest und unveränderlich ist. Welche Blende uns die Automatik letzten Endes für eine Aufnahme gibt, ist im Vergleich dazu beim schnellen Arbeiten von viel geringerer Bedeutung, denn in jedem Fall werden wir auf den wichtigsten Motivteil scharfstellen, und was die Blende dann noch beeinflußt, ist einzig und allein die Schärfentiefe. Für einen Schnappschuß – und ich möchte wiederholen, daß die Belichtungsautomatik ja gerade hier die größten Vorteile bringt – ist es viel leichter zu verschmerzen, daß die Schärfentiefe vielleicht einmal geringer ist, als daß die gesamte Aufnahme wegen einer vielleicht zu langen Verschlußzeit unscharf wird. Mit Verschlußzeitenvorwahl haben wir stets die Gewähr, daß der bildwichtigste Teil unseren Schärfenansprüchen genügt.

Wenn wir schließlich jenen Bereich verlassen, in dem die automatische Kamera ihre Überlegenheit voll ausspielen kann, den Schnappschuß nämlich, und zu Aufnahmen übergehen, bei denen eine genau kontrollierte Schärfenzone – und damit eine präzise eingehaltene Blende – unerläßlich ist, so ändert sich meist auch die Aufnahmesituation. Denken wir zum Beispiel an Landschaftsaufnahmen, Architekturaufnahmen oder auch Nahaufnahmen. Hier geht es plötzlich nicht mehr so hektisch zu, und es ist kein Problem, das Verschlußzeitenrad der AE-1 zu drehen, bis die Meßnadel im Sucher auf die gewünschte Blende zeigt – womit auch die AE-1 das bietet, was ich vorhin im «gegnerischen Fall» als Halbautomatik bezeichnete.

Sie sehen, man kann herrlich stundenlang diskutieren, wenn man gerade das Glück hat, mit einem Vertreter der «anderen Seite» ins Gespräch zu kommen.

Zentralsteuerung über Prozeßrechner

Eine genauere Betrachtung der konstruktiven Aspekte der Canon AE-1 wäre unvollständig ohne die Erwähnung ihrer elektronischen Besonderheiten. Nie zuvor nämlich fand so hochentwikkelte Miniaturelektronik Eingang in eine einäugige Kleinbildreflex. Winzige elektronische Bausteine, die in der Kamera buchstäblich nur Millimeter einnehmen, führen so viele Steuerungsfunktionen aus, daß man in herkömmlicher Technik schubladengroße Kästen brauchen würde, um die dafür erforderlichen Teile unterzubringen. Hier kam Canon seine Erfahrung als bekannter Hersteller anspruchsvoller Elektronenrechner und anderer elektronischer Geräte zugute. Diese Ehe zwischen zwei Produktbereichen der Firma verschaffte Canon einen technischen Vorsprung, der der Konkurrenz einen Schock versetzen mußte.

Zu den Aufnahmen auf den folgenden vier Seiten:

Sachaufnahmen – Details – sind ein geradezu unerschöpfliches Gebiet der Fotografie, das zwangsläufig eigentlich jeden anspricht. Denn was immer Sie besonders interessiert, es läßt sich auch von der fotografischen Seite mit Sicherheit erschöpfend behandeln! Und erst im Foto werden Sie so manche zusätzliche Einzelheit eines vielleicht wohlvertrauten Gegenstands bemerken, die Ihnen vorher gar nicht so recht zu Bewußtsein gekommen ist. So sind Sachaufnahmen zunächst einmal eine vorzügliche Gelegenheit, gleich zwei Hobbies miteinander zu verbinden.

Natürlich kann man die Sache auch umgekehrt sehen, von der rein fotografischen Seite nämlich. Hier spielt es dann überhaupt keine Rolle mehr, was Sie fotografieren, solange dieses Etwas ein Motiv ergibt. Sehr bald schälen sich dabei zwei ganz wesentliche Faktoren heraus: Stimmung, wozu ich auch Farbe und die von ihr geweckten Assoziationen zählen möchte, und – allen voran – Licht. Denn in sehr vielen Fällen ist es erst das Licht, das an sich tote Dinge zum Leben erweckt. Und meist dauert dieses «Leben» nur wenige Minuten – bis die Sonne nämlich wieder ein Stück gewandert ist, das Licht seinen Einfallswinkel ändert und unser Motiv plötzlich ein neues Aussehen annimmt – ein völlig anderes womöglich, oder auch ein graues, kraftloses, mit dem es seinen fotografisch wirksamen Charakter verliert. Es stirbt, ebenso schnell, wie es erwachte.

Gerade dadurch jedoch wird die Welt zur fotografischen Fundgrube. In kaum zwei Augenblicken bietet sie dasselbe Bild, ständig bleibt sie in Bewegung. Sie können getrost ein und denselben Weg immer wieder gehen – das Aussehen der Dinge um Sie ändert sich ständig, solange die Sonne mit Licht und Schatten spielt. So gesehen sind die meisten Ihrer Sachmotive reine Zufallsprodukte: wenn sich Ihr Blick erst einmal für diese Dinge geschärft hat, entscheidet nur noch der Augenblick darüber, welches Motiv Ihnen «über den Weg läuft».

Weiter auf Seite 45

Von seiten der Ausrüstung kennt die Sachfotografie kaum Grenzen. Setzen Sie Ihre Brennweiten so ein, wie es das Motiv erfordert. Vom Weitwinkel bis zur langen Brennweite ist alles «drin». Sie können die Perspektive so gestalten, wie sie Ihnen am günstigsten erscheint – komprimiert oder aber gestreckt. Manches Sachmotiv wird eine gewisse Brennweitenlänge auch direkt vorschreiben, um überhaupt erst zugänglich zu werden. In diesem Fall dürfen Sie dann ruhig Ihr(e) Teleobjektiv(e) einmal nur dazu verwenden, etwas «heranzuholen».
Besonders wichtig natürlich auch hier das Wie – wie Sie Ihr Motiv ins Bild bringen, wie Sie die Flächen aufteilen, die Linien und Strukturen ausrichten. Die Bilder auf den beiden Mittelseiten unterstreichen die Bedeutung der Diagonalen für die Bildgestaltung. Erst die Diagonale bringt Spannung, Tiefe, Leben in diese Bilder. Beide Aufnahmen demonstrieren jedoch gleichfalls die Faszination von Licht und Schatten bei seitlichem Einfall. Diese Lichtsäume und Schattenspiele werden Sie nie in Ihren Bildern finden, wenn Sie nach Großmutters güldener Regel mit Rückenlicht fotografieren! Denn nur seitlich beleuchtete Gegenstände werfen ihren Schatten in eine Richtung, in der er für uns sichtbar wird. Die Belichtung in der AE-1 wurde übrigens selbst bei der Aufnahme des Krugs am Fenster – einer nicht unkritischen Fast-Gegenlichtsituation – völlig der Automatik überlassen.

Der Türknopf auf Seite 41 beweist, daß Licht und Schatten nicht immer ausschließlich von starken Lichtquellen leben. Auch das von der Straße in den Hausgang fallende, reflektierte Licht schafft interessante Kontraste, die ausreichen, diesem Bild Leben einzuhauchen. – Der Gitterdurchblick auf der letzten Seite schafft bereits den Übergang zur Landschaft. In einer derartigen Situation würde ich Ihnen übrigens empfehlen, einmal kurz an das Gitter heranzutreten und die von der Automatik angezeigte Blende abzulesen. Gibt Ihnen die Automatik vom eigentlichen Aufnahmestandort dann eine wesentlich größere Blende – was je nach dem Anteil der sehr dunklen Flächen möglich ist – sollten Sie die zuerst abgelesene Blende von Hand einstellen, denn bei Durchblicken aller Art muß die Belichtung auf den Hintergrund abgestimmt sein. Sämtliche Aufnahmen: G. Richter.

Leider wird der Begriff des Prozeßrechners heute nicht immer einheitlich gebraucht. So spricht z. B. auch Olympus in seinen Anzeigen davon, daß die OM-2 einen Prozeßrechner besitze. Mit einem Prozeßrechner im Sinne eines Mikrocomputers, wie er das Herz der AE-1 darstellt, ist das dort so benannte Bauteil jedoch keinesfalls vergleichbar.

Die gesamte Elektronik der Canon AE-1 ist auf einer flexiblen Leiterplatte untergebracht, die sich über die Oberseite und teil-

Als «Aufschnitt» serviert, enthüllt die AE-1 ihr hochentwickeltes Innenleben. Deutlich sichtbar ist die flexible Leiterplatte, die sich vom Motoranschluß vorn rechts nach oben über die gesamte Oberseite, einschließlich des Dachkantprismas, hinzieht und die Elektronik der Kamera vereinigt.

weise auch die Vorderseite der Kamera erstreckt. Diese Bauweise ist nicht nur ausgesprochen wirtschaftlich, sondern sie gestattet auch die Zusammenfassung der einzelnen Schaltungen mit möglichst kurzen Wegen und die weitgehende Verringerung kostenintensiver Lötstellen. Es ist außerordentlich beeindruckend, im neuen Canon-Werk in Fukushima aus erster Hand mitzuerleben, wie rationell Canon die Fertigung, Montage und Prüfung dieser Kamera aufgezogen hat. Ganze Baugruppen werden weitgehend automatisch hergestellt und montiert. Wie von Geisterhand fügt sich ein Teil zum anderen, wird jedes mit stets gleichem, genau berechneten Drehmoment ans andere geschraubt. Computergesteuerte Anlagen übernehmen die vollautomatische Prüfung sämtlicher wichtigen Kamerafunktionen – schnell, absolut gleichmäßig und zuverlässig. Diese Art der weitgehend automatischen Fertigung, wie sie bisher im Kamerabau in diesem Umfang nicht üblich war, erfordert zwar am Anfang eine gewaltige Anstrengung und erhebliche Investitionen, schaltet dann aber die ständige Wiederholung im wesentlichen gleicher menschlicher Denkprozesse und Verrichtungen aus.

Die flexible Leiterplatte der AE-1 ist ganze 0,025 mm stark und läßt sich dadurch leicht den Konturen der Kamera anpassen. Die auf ihr untergebrachten Leitungen können bis auf 0,4 mm aneinandergerückt werden. Dadurch bietet die Platte genügend Raum, um alle wichtigen Schaltungen aufzunehmen. Die einzelnen Bauelemente und Schaltungen sind mit einem hauchdünnen Lack versiegelt, der einen wirksamen Schutz gegen Feuchtigkeit und Temperatureinflüsse bietet. Gerade harte Umweltverhältnisse sind es, die einer automatischen Kamera herkömmlicher Kon-

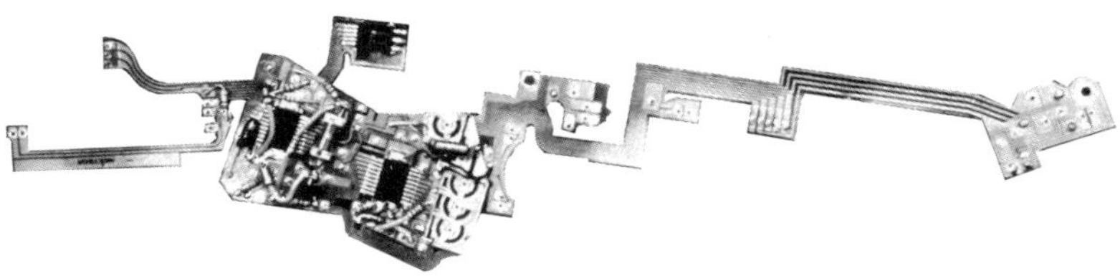

Alle wesentlichen elektronischen Bauteile der AE-1 sind auf dieser hauchdünnen Leiterplatte vereint.

struktion bisher zu schaffen machten. Die Canon AE-1 steckt die Grenzen auch in dieser Beziehung wesentlich weiter. Sie ist weitaus unanfälliger und auch unter ungünstigen Betriebsverhältnissen zuverlässiger als eine Kamera konventioneller Bauweise.

Die ungewöhnliche Leistungsfähigkeit dieser hochentwickelten Miniaturelektronik erlaubte den Konstrukteuren auch einige zusätzliche Extravaganzen, die man sich bisher in einer so kleinen, handlichen und preisgünstigen Kamera dieser Kategorie technisch einfach nicht leisten konnte: so besitzt der Mikrocomputer genügend Reserven, um sich nicht nur um die eigentlichen Kamerafunktionen, sondern auch noch um die Steuerung einigen Zubehörs zu kümmern. Das Ergebnis ist eine Blitzautomatik mit dem Speedlite 155A, die weitergeht als bisher übliche Systeme. Das Blitzgerät wird zur schaltungstechnischen Einheit mit der Kamera. Der gebotene Bedienungskomfort läßt keine Wünsche mehr offen. Auch der Mini-Motor der AE-1 wird – einmal angesetzt – eins mit der Kamera-Elektronik. Das zentrale Steuerelement bleibt in jedem Fall der Kamera-Auslöser. Für die Benutzung ändert sich also nichts, welche dieser primären Zubehörkomponenten Sie auch einsetzen. Das gilt ebenso für die Einbelichtung des Datums mit Hilfe des Datenrückteils A – und natürlich auch, wenn Sie mehrere dieser Zubehörgruppen kombiniert verwenden. Das in der AE-1 erreichte Maß an Bedienungskomfort ist einmalig.

Wir haben die ganze Zeit von der reichhaltigen Elektronik und den Steuerungselementen gesprochen, die sich im wesentlichen auf der Oberseite der Kamera befinden. Woraus, glauben Sie eigentlich, ist die Deckkappe der Canon-AE-1, die – sei es in Chrom oder in Schwarz – all diese Kamerateile nach außen schützt? Leichtmetall? Verchromtes Messing? Weit gefehlt! Auch hier hat sich Canon nämlich eine neue Lösung einfallen lassen. Während die Deckkappen bisheriger Kameras gewöhnlich aus verchromtem Messing bestanden (und entsprechend schwer waren!), verwendet Canon heute hierfür einen besonderen Kunststoff als Grundlage. Die gepreßte Kunststoff-Deckkappe wird dann mit mehreren verschiedenen Metallschichten überzogen – vollautomatisch übrigens. Die fertige Deckkappe ist wesentlich widerstandsfähiger als eine der rein metallischen Kappen bisheriger Prägung, denn die Kunststoffgrundlage verleiht ihr eine Elastizität, die sie fast stoßunempfindlich macht. Trotzdem ist ihre Widerstandsfähigkeit insgesamt gesehen jener einer metallischen Deckkappe mindestens gleichwertig. Zusätzlich besitzt sie gute Isolationseigenschaften und schirmt die Steuerungselemente der Kamera zum Beispiel wesentlich wirkungsvoller gegen Temperaturwechsel ab. Daß diese auch äußerlich ausgesprochen hochwertige neue Deckkappe schließlich nur einen Bruchteil des Gewichts einer rein metallischen Kappe auf die Waage bringt, rundet ihre Vorteile für die Gesamtkonstruktion der Kamera überzeugend ab.

Die ausgefallene Energiekrise

Elektronische Kameras standen bisher in dem Ruf, daß sie gelegentlich ein wenig unbescheiden mit ihrem Lebenselixier, dem elektrischen Strom, umgingen. Müssen Sie bei der AE-1 ähnliches befürchten? Die Antwort ist eindeutig und ohne jeden Vorbehalt: nein! Nicht umsonst hat Canon gewartet, bis neue elektronische Mini-Bausteine verfügbar wurden, die gesteigerte Leistungsfähigkeit und verringerten Platzbedarf mit ausgesprochen bescheidenen Ansprüchen an die Spannungsversorgung verbinden. Dieses Prinzip hat man konsequent auch in anderen Teilen der Konstruktion weiterverfolgt und hier und da auch neue Wege beschritten, wenn es um die Signal- oder Kraftübertragung von elektronischen an die letzten unvermeidlichen mechanischen Bauteile ging.

Eine wirklich feine Sache in diesem Zusammenhang ist die sogenannte **Sequenzsteuerung** sämtlicher Funktionen und Bauteile. Auf gut Deutsch heißt das, daß jede Funktionsgruppe der Kamera und des in die Schaltung integrierten Zubehörs nur dann Strom erhält, wenn sie auch wirklich an der Reihe ist. Den Anfang macht gleich der Auslöser, bei dem es sich wiederum nicht um einen mechanischen Auslöser herkömmlicher Art, sondern um ein elektrisches Schaltelement handelt: der Auslöser schließt auf

seinem Weg nach unten nämlich lediglich zwei Kontakte. Eine mechanische Kraft im eigentlichen Sinn braucht er nicht zu übertragen, so daß er sehr leichtgängig sein kann und auch mit einem recht kurzen Auslöseweg auskommt.
Solange dieser Auslöser nicht leicht gedrückt wird, verbraucht die Kamera überhaupt keinen Strom. Der Auslöser ersetzt also gleichzeitig einen Hauptschalter, schafft einen unnötigen getrennten Einschalt- und Ausschaltvorgang ab und beseitigt eine sehr wesentliche Fehlerquelle – er macht es Ihnen unmöglich, die Kamera versehentlich eingeschaltet zu lassen. Sobald Sie den Finger vom Auslöser nehmen, ist die Kamera automatisch abgeschaltet.

Besagter Auslöser also schließt etwa in der Hälfte seines Weges einen ersten Kontakt: das Meß- und Anzeigesystem der Kamera wird an Spannung gelegt. Alle übrigen Teile bleiben nach wie vor stromlos. Erst wenn Sie den Auslöser ganz durchdrücken, erhalten auch die mit der eigentlichen Belichtung betrauten Funktionsgruppen Strom. Wenn Sie z. B. den Motor angesetzt haben und ihn eingeschaltet lassen, so passiert rein gar nichts. Er verbraucht absolut keinen Strom. Daran ändert sich auch nichts, wenn Sie den Auslöser antippen, um Meß- und Anzeigewerk einzuschalten. Selbst wenn die Belichtung abläuft, ist der Motor noch immer «tot». Erst in dem Augenblick, in dem die Belichtung zu Ende ist und der Filmtransport an die Reihe kommt, wird der Motor plötzlich lebendig, führt den ihm übertragenen Arbeitsgang aus – und fällt unmittelbar danach wieder in seinen leblosen Zustand zurück.

Startklar machen

Ich glaube, jetzt habe ich Ihnen genug über die AE-1 im allgemeinen und die wichtigsten fotografischen Grundbegriffe erzählt, so daß wir «handgreiflich» werden können. Lassen Sie uns die Kamera soweit startklar machen, daß wir uns in der Praxis mit ihren Funktionen und ihrer Bedienung vertraut machen können.

Die Stromkonserve

Ohne Strom zeigt uns die AE-1 – wie wir gesehen haben – die kalte Schulter. Um also überhaupt etwas mit ihr anfangen zu können, müssen wir ihr erst eine jener kleinen Stromkonserven einverleiben, die Sie heute als sogenannte Trockenzelle praktisch überall in der Welt kaufen können. Die Canon AE-1 benötigt eine 6-Volt-Batterie, die es in zwei Ausführungen gibt: als Silberoxid-Batterie, z. B. vom Typ UCAR 544 oder Mallory PX28, und als Alkali-Mangan-Batterie, z. B. vom Typ UCAR 537 oder Mallory 7K13. (Sollten Sie einmal im Ausland eine solche Batterie kaufen, so werden Sie statt der deutschen Markenbezeichnung UCAR wahrscheinlich auf die dort von der Union Carbide verwendete Bezeichnung Eveready stoßen.)

Im Grunde genommen ist es gleichgültig, ob Sie eine Silberoxid- oder eine Alkali-Mangan-Batterie verwenden. Die Silberoxid-Batterie zeichnet sich durch sehr gleichmäßige Spannungsabgabe bis an ihr Lebensende aus, während die Leistungskurve einer Alkali-Mangan-Batterie allmählich abfällt. Dafür bietet die Alkali-Mangan-Batterie Vorteile bei Aufnahmen unter 0° C, bei denen eine Silberoxid-Batterie eine stärkere Leistungseinbuße erleidet und deshalb schneller ihren Geist aufgibt.

Die Lebensdauer einer solchen Batterie beträgt bei normaler Benutzung im allgemeinen mindestens ein Jahr. Daß sie noch vor dieser Zeit an die von Canon angegebene Grenze von etwa 20000 Auslösungen stoßen, traue ich Ihnen – ehrlich gesagt – nicht zu. Denn 20000 Auslösungen sind immerhin runde 500 Kleinbildfilme – und die wollen erst einmal belichtet sein! Folglich gilt für uns wahrscheinlich eher die Zeitgrenze als die volle «Kilometerleistung».

Eine Batterie gehört zum Lieferumfang der Kamera. Um sie einzulegen, drücken Sie die kleine Nase in der Griffstütze an der rechten Vorderseite der Kamera mit einem spitzen Gegenstand ein, worauf der Deckel aufspringt. Bevor Sie die Batterie einlegen, sollten Sie ihre beiden Pole – vielleicht am Hosenbein – gut blankwischen, damit einwandfreier elektrischer Kontakt gewährleistet ist. Nun können Sie die Batterie mit aufrechtstehender Schrift, d. h. mit dem Pluspol nach oben, in das Fach einsetzen. Am leichtesten geht das, wenn Sie die Batterie mit ihrer Unterseite voran einführen und dann durch Druck auf den oberen Rand voll einschieben. Umgekehrt läßt sich die Batterie leicht entnehmen, indem Sie mit dem Fingernagel hinter den oberen Rand greifen und sie unter leichtem Druck nach vorn kippen.

Der Batteriefachdeckel schnappt zu, sobald Sie ihn andrücken.

Der prüfende Druck . . .

auf das Knöpfchen, das sich zu diesem Zweck auf der linken Kamera-Oberseite befindet, verschafft uns Gewißheit, ob die eben eingelegte Batterie ihre Pflicht tut oder ob sie vielleicht gar ein Ladenhüter war, der bereits das Zeitliche gesegnet hat.

Die Batterieprüfung in der AE-1 ist genauer als in manch anderer Kamera, denn sie beantwortet unsere Frage nach ausreichender Spannungsabgabe nicht einfach mit ja oder nein, sondern wesentlich präziser. Wenn Sie unter Druck auf den Batterieprüfer in den Sucher blicken, muß die Blendennadel bei einer wirklich frischen Batterie in der Nähe von 2,8 stehen. Je schwächer die Batterie ist, um so mehr nähert sich die Nadel dem Index bei 5,6.

Hat sie diesen schließlich erreicht, muß die Batterie ausgewechselt werden.

Diese ebenso einfache wie aufschlußreiche Batterieprüfung sollten Sie bei häufiger Benutzung der Kamera gelegentlich vornehmen, um sich ein Bild vom Leistungsstand Ihrer Batterie zu machen. Passieren kann eigentlich nicht viel, selbst wenn die Batterie urplötzlich ihren Geist aufgeben sollte: in diesem Fall bleibt der Auslöser gesperrt. Peinlich wäre es nur, wenn Sie so unvorsichtig wären, keine Ersatzbatterie mitzuführen und Sie der plötzliche Stromausfall ausgerechnet am Ende der Welt vor den schönsten Motiven Ihres Lebens überraschen sollte . . .

Ein wenig Batterie-Praxis

Nicht nur die AE-1 als Herz eines Aufnahmesystems ist auf elektrischen Strom angewiesen, sondern auch ihr wichtigstes Zubehör – der Motor, das Elektronenblitzgerät und das Datenrückteil. Bleiben wir also noch ein wenig bei diesem Thema und machen wir uns mit einigen Grundregeln vertraut, die es im Umgang mit diesen kleinen Stromspendern generell zu beachten gilt.

1. Achten Sie beim Einsetzen von Batterien sorgfältig auf richtige Polung! Eine Skizze im Batteriefach oder dessen Deckel gibt schnell Aufschluß über die Lage der Pole. Auch die Batterien selbst sind entsprechend gekennzeichnet. Falsch eingelegte Batterien können zu einem Kurzschluß führen, möglicherweise das Gerät beschädigen und sich in kürzester Zeit entladen. Anschließend besteht erhöhte Gefahr, daß Batteriesäure austritt und die Gerätekontakte beschädigt.

2. Machen Sie es sich zur Regel, stets eine Ersatzbatterie bzw. -batterien für die Kamera und alles Zubehör mitzuführen! Das gilt natürlich besonders, wenn Sie Ihre Ausrüstung auf eine Reise mitnehmen und sich Zeitverluste, Verständigungsschwierigkeiten und ähnliches ersparen möchten. Und lassen Sie sich in diesem Grundsatz bitte nicht von seltsamen The-

sen beirren! Das Argument, die Ersatzbatterie würde nur unnötig altern, ist weiß Gott nicht stichhaltig. Denn geben Sie etwa beim Kauf Ihres Autos den Ersatzreifen gleich wieder in Zahlung, nur weil dieser ja auch «völlig nutzlos altert»? Natürlich wird die Ersatzbatterie durch die Lagerung nicht besser. Doch das ist der Preis dafür, daß wir in einem Eventualfall nicht mit leeren Händen dastehen. Die Ersatzbatterie ist gewissermaßen unser Reservetank.

3. Achten Sie beim Kauf von Batterien genau auf die Typenbezeichnung! Das Aussehen allein kann Sie irreführen. Es gibt Batterien gleichen Aussehens, jedoch unterschiedlicher Leistungsdaten. Wenn Sie zahlreiche elektrische Geräte besitzen – und Mignonzellen 1,5 V zum Beispiel werden ja nicht nur in Blitzgeräten und Fotozubehör, sondern ebenso in Transistorradios, Rasierapparaten und ähnlichem verwendet – ist es kein schlechter Gedanke, sich beim Kauf das Datum auf der Schachtel zu notieren, damit man den Überblick über die Lagerungsdauer behält. Im allgemeinen können Sie davon ausgehen, daß moderne Batterien eine Lagerung von etwa zwei Jahren mit einem Leistungsverlust von nur ca. 20 % überstehen. Nach rund 2–3 Jahren vollzieht sich der Leistungsabfall jedoch immer rascher, so daß entsprechende Abstriche von der verbleibenden Betriebsdauer gemacht werden müssen.

4. Achten Sie beim Kauf und Transport von Batterien darauf, daß sich gleiche Pole nicht berühren können, denn eine Entladung wäre die unvermeidliche Folge. Fassen Sie Batterien grundsätzlich nicht an den Polen an. Fingerabdrücke würden zu Korrosion führen und könnten später Kontaktschwierigkeiten ergeben. Deshalb auch der Rat, vor dem Einlegen einer Batterie ihre Pole mit einem trockenen Tuch abzureiben. Bei Benutzung der Kamera in sehr feuchtem Klima kann es sich sogar empfehlen, die Batterie gelegentlich herauszunehmen und ihre Pole wieder blankzuwischen.

5. Bedenken Sie, daß alle Batterien eines gemeinsam haben: je

weiter die Betriebstemperatur von den normalen + 20° C absinkt, um so geringer wird ihre Leistungsabgabe. Für Aufnahmen bei niedrigen Temperaturen ergibt sich daraus die Folgerung, möglichst frische Batterien zu verwenden, denn eine Batterie, die die Hälfte ihres Lebens hinter sich hat, bricht bei Kälte relativ schnell zusammen. Unter derartigen Einsatzbedingungen wird man außerdem bemüht sein, die Kamera bzw. das Zubehör nicht unnötig der Kälte auszusetzen, um die Betriebstemperatur nicht zusätzlich abzusenken. Wird die Kamera z. B. unter dem Mantel in Körpernähe getragen, so finden die Batterien ungleich günstigere Betriebsbedingungen vor, als wenn sie die gesamte Zeit direkt der klirrenden Kälte ausgesetzt sind.

Sollte Sie eine Batterie bei sehr niedrigen Temperaturen plötzlich im Stich lassen, so werfen Sie sie nicht gleich weg. Bei Normaltemperatur erholt sie sich nämlich wieder und kann Ihnen dann doch noch gute Dienste leisten.

6. Häufige Zeitaufnahmen oder häufige Benutzung des Selbstauslösers bedeuten erhöhten Stromverbrauch, denn für die Dauer einer Belichtung und die Dauer des Selbstauslöser-Ablaufs wird Strom entnommen. Unter derartigen Umständen kann eine häufigere Batterieprüfung als üblich angebracht sein.

7. Wechseln Sie beim Zubehör Ihrer AE-1, das mehrere Mignonzellen als Spannungsquelle benötigt, grundsätzlich den gesamten Batteriesatz! Würden Sie nur einige, teilweise verbrauchte Batterien durch frische ersetzen, entstünden durch den unterschiedlichen Ladezustand Kriechströme zwischen den neuen und den alten Zellen, die zur baldigen Entladung auch der neuen Batterien führen würden. Daß für einen Batteriesatz grundsätzlich nur Exemplare des gleichen Typs und Herstellers verwendet werden sollten, versteht sich wohl von selbst.

8. Entfernen Sie verbrauchte Batterien möglichst sofort aus der

Kamera bzw. dem Zubehör, denn das ist für Sie mit weniger Mühe verbunden als die Folgen eines möglichen Auslaufens von Batteriesäure. Selbst wenn Ihnen der Batteriehersteller die kostenlose Reparatur Ihres Gerätes garantiert, ist Vorbeugen besser als Heilen.

9. Die Regel, Batterien bei Nichtbenutzung aus der Kamera bzw. dem Zubehör zu nehmen, gilt eigentlich nur, wenn Sie Ihre Ausrüstung gleich für mehrere Monate einmotten. Bei kürzeren Kunstpausen können die Batterien im allgemeinen in der Ausrüstung verbleiben, es sei denn, sie wären schon so alt, daß mit ihrem baldigen Ableben zu rechnen ist . . .

10. Lagern Sie Batterien möglichst an einem temperierten, trokkenen Ort, um den natürlichen Leistungsabfall so gering wie möglich zu halten. Ausgesprochen kalte Aufbewahrungsorte sind ungeeignet!

Einstellen der Filmempfindlichkeit

Hiermit greifen wir im Moment etwas vor, denn eigentlich stellen wir die Filmempfindlichkeit erst dann ein, wenn wir den Film eingelegt haben. Und wenn Sie stets das gleiche Filmmaterial verwenden – wie Sie es nach Möglichkeit tun sollten – können Sie nach der einmaligen Einstellung diesen Punkt sowieso vergessen.

Der kleine Vorgriff erscheint mir hier nötig, weil wir ja vor dem Einlegen eines Films mit der Kamera «spielen» wollen, und dazu sollte nun einmal die Empfindlichkeit eingestellt sein, damit uns die Kamera realistische Reaktionen gibt.

Die Einstellung der Filmempfindlichkeit erfolgt an der AE-1 mit dem gleichen Rändel, das auch zur Wahl der Verschlußzeit dient. Damit diese beiden Funktionen nicht versehentlich durcheinandergeraten, hat Canon die Rückseite des Einstellrändels durch einen Griffschutz aus Kunststoff gesichert. Manche Leute sehen

den Zweck dieses Griffschutzes nicht ganz ein und haben ihn bemängelt. In Wirklichkeit erscheint er mir als fast geniale Lösung. Er verhindert nämlich zunächst beim Transportieren des Films mit dem Schnellschalthebel eine versehentliche Betätigung des Verschlußzeitenrades und macht darüber hinaus ein Anheben des Rändels, wie es zur Einstellung der Filmempfindlichkeit erforderlich ist, praktisch unmöglich. Damit jedoch ist die für einwandfreie Belichtung so überaus wichtige Filmempfindlichkeitseinstellung gegen jede versehentliche Verstellung absolut zuverlässig geschützt.
Zum Einstellen der auf der Filmpackung in ASA angegebenen Empfindlichkeit schiebt man den Schnellschalthebel in seine Bereitschaftsstellung 30° vor der Kamerarückwand. Erst in dieser Stellung läßt sich das Rändel des Verschlußzeitenrades bequem mit der linken Hand anheben und drehen, bis der gewünschte Wert im ASA-Fenster dem Index gegenübersteht. Über weitere Einzelheiten zum Verständnis von Begriffen wie ASA usw. unterhalten wir uns diesmal ausnahmsweise erst etwas später, nämlich im Zusammenhang mit dem Filmeinlegen und dem, was man generell über unser Aufnahmematerial Film wissen sollte (Seite 85).

Die Augenmuschel

Sie kostet Ihnen kein zusätzliches Geld, denn sie gehört zur Grundausrüstung der Kamera. Folglich sollte sie auch von eingeschworenen Schotten verwendet werden. Sie bietet Ihnen nämlich eine wesentlich sicherere Anlagefläche für das Auge und hält möglicherweise störendes Fremdlicht vom Sucherokular fern. Um es anders auszudrücken, sie erhöht Ihren Bedienungskomfort und erleichtert Ihnen die Arbeit.

Einziger Nachteil dieses so praktischen kleinen Zubehörs ist die Tatsache, daß die Augenmuschel beim Schließen der Rückwand etwas im Weg ist. Doch das ist nun einmal die Art der Augenmuscheln, und den zusätzlichen Finger, der sie beiseitebiegt, müssen wir wohl oder übel aufwenden.

Einige Trockenübungen

Der Moment ist gekommen, wir haben inzwischen den Führerschein, um mit unserer AE-1 zu spielen. Noch kostet uns dieses Spiel lediglich ein wenig Batteriestrom, denn einen Film brauchen wir gar nicht einzulegen, um die AE-1 so richtig «in den Griff zu bekommen».

Ein Prachtstück von Sucher

Je heller, klarer und brillanter das Sucherbild einer Kamera, um so besser können Sie fotografieren, denn um so müheloser können Sie Ihr Motiv beurteilen, scharfstellen und den Ausschnitt bestimmen. Wie leicht Ihnen all das mit der Canon AE-1 fällt, zeigt ein Blick in den Sucher dieser Kamera. Und sollten Sie keine Vergleichsmöglichkeiten besitzen, so darf ich Ihnen versichern, daß dieser Sucher nach dem heutigen Stand der Technik zur Spitze zählt.

Canon hat den Spiegel der AE-1 durch eine etwas andere Lagerung größer dimensionieren können als in früheren Kameratypen und darüber hinaus hohen Aufwand bei der Beschichtung getrieben, ja sogar Mehrschichtenvergütung angewandt, um auch das letzte Quentchen wirksamen Lichts zu nutzen und das Sucherbild durch weitgehende Minderung von Streulicht noch heller zu machen. (Über Vergütungen im allgemeinen sprechen wir getrennt auf Seite 179.) Ein großer Schwingspiegel ist auch von Vorteil bei Verwendung langbrennweitiger Objektive, bei denen das Sucherbild einer einäugigen Reflex gern im oberen Bereich abdunkelt. An der AE-1 können Sie selbst ein Objektiv 400 mm – und das ist schon eine respektable «lange Tüte» – einsetzen, ohne daß Sie irgendeine Abdunklung am Sucherrand wahrnehmen werden. Die gesamte Einstellscheibe der AE-1 bietet sich unserem Blick als Mattscheibe. Erfreulicherweise tritt die Rillen-

Die Übersichtlichkeit des Sucherbildes in der AE-1 wird durch nichts beeinträchtigt. Zwei Einstellhilfen in Suchermitte garantieren präzise Scharfeinstellung. Weitere wichtige Aufnahmedaten sind außerhalb des eigentlichen Sucherfeldes angeordnet: die Blendenskala mit der Blendennadel sowie zwei Leuchtdioden, die Sie auf abgeschaltete Automatik bzw. Unterbelichtung aufmerksam machen.

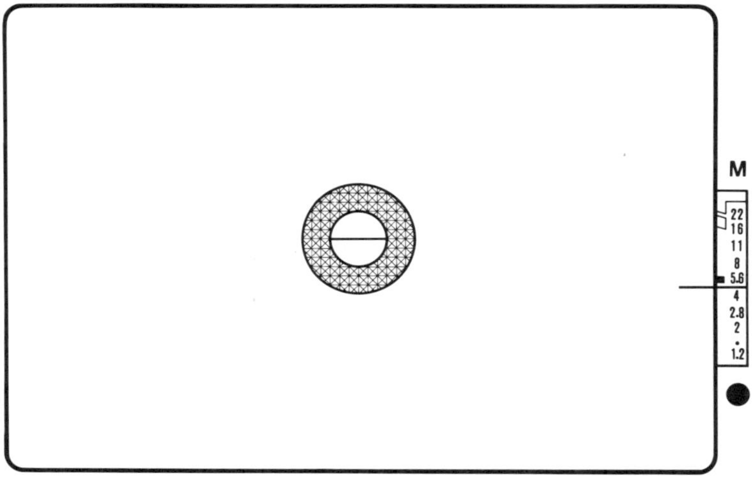

struktur der Stufenlinse, mit der man für noch gleichmäßigere Ausleuchtung des Sucherbildes einer einäugigen Reflex sorgt, in der AE-1 überhaupt nicht in Erscheinung. Selbst wenn man das Objektiv von Hand abblendet, bleibt die Mattscheibenfläche völlig sauber und ungestört.

Die generelle Helligkeit des Suchers wird natürlich auch von der Lichtstärke des verwendeten Objektivs beeinflußt, denn je größer die maximale Objektivöffnung, um so mehr Licht steht im Sucher zur Verfügung. Folglich werden Sie bei Verwendung von Objektiven unterschiedlicher Lichtstärke gewisse, wenn auch meist nur geringe Helligkeitsunterschiede im Sucher feststellen. Es klingt furchtbar viel, wenn Sie lesen, ein Objektiv der Lichtstärke 1 : 1,4 lasse bei voller Öffnung doppelt so viel Licht einfallen wie ein solches der Lichtstärke 1 : 2. In der Praxis ist der Helligkeitsunterschied im Sucher nur minimal und wirkt sich erst auffälliger aus, wenn der Lichtstärkenunterschied mindestens zwei volle Blendenstufen beträgt.

Schließlich noch einige Worte der Aufklärung zum **Suchergesichtsfeld.** Immer einmal wieder geschieht es, daß sich Amateure von der Angabe in den technischen Daten zur AE-1 davon verwirren lassen, daß das Suchergesichtsfeld vertikal nur 93,5 % und horizontal nur 96 % des effektiven Bildformats beträgt. Warum nicht 100 %, fragen sie. Warum zeigt man uns im Sucher nicht all das, was wirklich auf den Film kommt? Die Antwort ist sehr einfach: damit Sie nachher auch wirklich all das in Ihren Bildern wiederfinden, was Sie nach dem Sucherbild eigentlich fotografiert hatten. Der Widerspruch ist nur scheinbar. Verwenden Sie z. B. Diafilm, so müssen Sie sich damit abfinden, daß das Dia-Rähmchen ringsum einige wenige Prozent Ihres Bildfeldes abdeckt. Und bei einem hundertprozentigen Suchergesichtsfeld würden Sie sich schnell beschweren, daß gewisse Details, die Sie doch mit Sicherheit im Sucher voll erfaßt hatten, plötzlich angeschnitten sind.

Oder fotografieren Sie vielleicht auf Negativfilm und lassen Ihre Bilder anschließend von einem Labor vergrößern? Hier ist es sogar noch wesentlich schlimmer. Die heute von den meisten Labors verwendeten «Bildermaschinen» sind nämlich nicht gerade kleinlich mit dem, was sie rechts, links, oben und unten von unseren Bildern ganz einfach unter den Tisch fallen lassen. Entsagen Sie dieser meist recht unbefriedigenden Art der Verarbeitung und vergrößern Sie Ihre Bilder selbst, dann wissen Sie ohnehin, daß kein Papierformat haargenau das gleiche Seitenverhältnis aufweist wie das Kleinbildformat. Also heißt es auch hier wieder, irgendwo am Rand Dinge wegfallen zu lassen, die doch eigentlich «drauf sind». Ihr voller Zorn ob dieser vermeintlichen Schludrigkeit braucht sich übrigens nicht auf die Papierhersteller zu entladen, denn diese befinden sich ihrerseits in einer Zwickmühle: es gibt inzwischen so viele verschiedene Aufnahmeformate, die praktisch alle andere Seitenverhältnisse haben.

Selbst wenn sich die Papierhersteller mit ihren Papierformaten genau nach einem bestimmten Negativformat richten wollten – die Benutzer der übrigen Formate würden es ihnen schön ankreiden! Sie sehen, die wenigen vermeintlich verschenkten Prozente des Suchergesichtsfeldes in der AE-1 gehen nicht zu Ihren Lasten, sondern wirken sich ganz im Gegenteil in der Praxis zu Ihren Gunsten aus.

Die Scharfeinstellung

Für die Scharfeinstellung im Sucher der AE-1 haben wir drei Möglichkeiten, von denen mit Sicherheit eine für die jeweilige Aufnahmesituation geeignet ist. Bei den Einstellhilfen in Suchermitte handelt es sich um:

1. Einen **Schnittbildindikator.** Die horizontale Linie in der Mitte des kleinen Kreises zerschneidet das Bild buchstäblich in zwei Hälften, solange das jeweils anvisierte Motivdetail nicht scharfgestellt ist. Nachdem die Trennlinie horizontal verläuft, eignen sich im Querformat also vorwiegend senkrechte Strukturen für die Einstellung mit dem Schnittbildindikator. Selbstverständlich läßt sich auch eine Struktur in beliebiger anderer Richtung hierfür verwenden, wenn man die Kamera entsprechend dreht.

2. Einen **Mikroprismenring.** Dieser besteht aus winzig kleinen Prismen, die das anvisierte Motivdetail solange als zerrissenes und flimmerndes Bild zeigen, wie das Objektiv nicht auf die betreffende Entfernung eingestellt ist. Sobald die Entfernungseinstellung stimmt, «schließen» sich die Mikroprismen zu einem völlig ruhigen, scharfen Bild. Das Mikroprismenraster eignet sich insbesondere zur Scharfeinstellung auf Objekte, die keine ausgeprägte Linienstruktur erkennen lassen und somit bei Verwendung des Schnittbildindikators Schwierigkeiten bieten würden.

Welche dieser beiden Einstellhilfen Sie in der Praxis benutzen werden, hängt einmal von Ihrer persönlichen Vorliebe ab, zum anderen – wie bereits angedeutet – wahrscheinlich von der Art Ihres Motivs. Generell neigen Amateure häufig zur Bevorzugung des Schnittbildes, wenngleich diese Vorliebe ausgesprochen subjektiver Natur ist. Ein so gutes Mikroprismenraster, wie Sie es in einem so hellen Sucher wie dem der AE-1 finden, bietet nämlich auch dem Ungeübten nicht die geringste Schwierigkeit bei der präzisen Scharfeinstellung. Beide übrigens, der Schnittbildindikator wie das Mikroprismenraster, machen ein Einpendeln der Schärfe durch Hinundherdrehen des Entfernungsrings weitgehend überflüssig, denn die Schärfenanzeige ist so deutlich, daß die Einstellung auf Anhieb gelingt. Das ist ja letzten Endes der Grund, warum diese Einstellhilfen zusätzlich eingebaut wurden, obwohl die ESR von Haus aus durch ihr Mattscheibenbild bereits eine optische Scharfeinstellung gestattet.

Zwei Dinge sollten Sie zum Thema Schnittbildindikator und Mikroprismenraster noch wissen:

1. Der Schnittbildindikator ist in seiner Funktion auf eine bestimmte Blende abgestimmt, die bei fast allen Objektiven zur AE-1 wesentlich unter der größten Öffnung liegt. Das bedeutet, daß die Genauigkeit der Entfernungsmessung mit dem Schnittbildindikator weitgehend unabhängig von der Lichtstärke des verwendeten Objektivs ist. Diese Erkenntnis ist insofern interessant, als das Mikroprismenraster nämlich völlig andere Voraussetzungen bietet. Hier kommt eine hohe Objektivlichtstärke der Genauigkeit der Entfernungseinstellung voll zugute, denn das Prismenraster gibt uns nur einen übertriebenen Mattscheibeneffekt. Dieser Effekt beruht auf der optischen Sichtbarmachung dessen, was wir weiter vorn als «Schärfentiefe» kennengelernt haben. Nachdem wir das Sucherbild durch die Springblende stets bei voller Öffnung sehen, zeigt es sich uns immer mit geringster Schärfentiefe, denn diese nimmt mit größer werdender Blende, d. h. höherer Lichtstärke, laufend ab.

Für die Scharfeinstellung auf der Mattscheibe bzw. mit dem

Mikroprismenraster ist diese minimale Schärfentiefe äußerst wünschenswert, denn bereits eine geringe Drehung am Entfernungsring zeigt deutlich die Verlagerung der Schärfenebene. Dies erklärt auch, warum eine optische Scharfeinstellung bei manuell abgeblendetem Objektiv bei kleineren Blenden praktisch unmöglich wird, denn die Schärfentiefe ist dann bereits so ausgedehnt, daß die Verlagerung der Schärfe beim Drehen des Entfernungsrings praktisch nicht mehr augenfällig wird.

Zusammengefaßt: Das Mikroprismenraster wird bei Objektivlichtstärken ab etwa 1 : 4 zunehmend genauer als der Schnittbildindikator.

2. Es kommt ein Punkt, an dem sowohl der Schnittbildindikator als auch das Mikroprismenraster aufhört, für uns nützlich zu sein: sobald die wirksame Öffnung des Objektivs unter 5,6 absinkt, dunkeln die Prismenflanken des Rasters bzw. die Bildhälften des Schnittbildindikators ab. Dieser Effekt ist optisch bedingt und unvermeidlich. Normalerweise werden Sie ihn jedoch überhaupt nicht bemerken, denn er tritt höchstens bei der seltenen Arbeitsblendenmessung (Seite 84), bei großer Auszugsverlängerung auf dem Gebiet der Nahaufnahme (Seite 134) oder bei Einsatz eines Objektivs sehr geringer Lichtstärke auf, wie sie im Canon-Programm nur bei den überlangen Brennweiten zu finden ist, bei denen hohe Lichtstärke konstruktiv praktisch nicht zu verwirklichen ist.

   Ich wollte Sie auf diesen Effekt hinweisen, um Sie zu beruhigen, daß eine solche Abdunklung dieser Einstellhilfen in Suchermitte bei kleiner wirksamer Blende völlig normal und vom Kameratyp unabhängig ist.

Wenn Sie sich nun fragen, was Sie denn wohl in einem der eben erwähnten Extremfälle tun könnten, um doch noch im Sucher scharfzustellen, so darf ich Sie an die gute alte Mattscheibe erinnern, die das dritte optische Einstellmittel im Sucher der AE-1 darstellt. Alles, was außerhalb des von den Einstellhilfen in Suchermitte eingenommenen Flecks liegt, ist nämlich ein normales Mattscheibenfeld – daher auch die Bezeichnung «Vollmattscheibe». Manche Leute – und insbesondere Berufsfotografen – neigen sowieso dazu, die Schärfe überhaupt nach dem Mattscheibenbild einzustellen, bei dem es keine Rolle spielt, an welcher Stelle im Sucher sich das für die Scharfeinstellung benutzte Detail befindet.

Bliebe noch eine vierte Möglichkeit der Scharfeinstellung, nämlich nach der Entfernungsskala auf dem Objektiv. Auf diese Möglichkeit wird man insbesondere dann zurückgreifen, wenn man bei Verwendung einer Brennweite, die nicht länger als die 50 mm des Normalobjektivs sein sollte, besonders schnelle Schnappschüsse in einem vorhersehbaren Entfernungsbereich machen möchte. Bei gutem Licht ergibt eine Einstellung des Normalobjektivs auf 3 m bei Blende 8 eine Schärfentiefe von etwa 2,4 m bis 4,5 m. Bei einem Weitwinkelobjektiv liegen die Verhältnisse noch günstiger. Schon bei gemäßigten 35 mm Brennweite reicht die Schärfentiefe bei Blende 8 und Einstellung auf 3 m von runden 2 m bis fast ins Unendliche.

Die Schärfentiefenskala

Eine generelle Information über die Schärfentiefe in Metern können Sie sich sehr einfach durch einen Blick auf das Objektiv verschaffen. Unter der orange eingelassenen Entfernungsskala in Meter finden Sie dort nämlich zu beiden Seiten des Einstellindexes weiß gravierte Blendenzahlen – die sogenannte Schärfentiefenskala. Für die jeweils im Sucher angezeigte Blende können Sie dann auf einen Blick die Ausdehnung der Schärfenzone für die gewählte Einstellentfernung durch Ablesen der Meter gegenüber der betreffenden Blendenzahl zu beiden Seiten des Indexes ermitteln. Umgekehrt können Sie bei Aufnahmen, bei denen es auf die Scharfabbildung eines bestimmten Bereiches ankommt, jene Blende ermitteln, die Sie brauchen, um diese Schärfentiefe zu erzielen. Liegt dabei ein Ende des gewünschten Schärfenbereiches im Unendlichen, so ist es ratsam, das Objektiv nicht etwa

auf Unendlich einzustellen und die auf der Objektivgravur rechte Hälfte der Schärfentiefe einfach hinter den Horizont fallen zu lassen, sondern diesen Bereich zumindest teilweise zu nutzen. Mit dieser sogenannten «Nah-Unendlich-Einstellung» läßt sich der Schärfenbereich in der Nähe erweitern, ohne daß wir auf Scharfabbildung im Unendlichen zu verzichten brauchten.
Nehmen wir ein Beispiel. Wenn Sie sich Ihr Normalobjektiv anschauen, so werden Sie feststellen, daß die Schärfentiefe bei Einstellung auf Unendlich und Blende 8 erst in einer Entfernung von 10 m beginnt. Zur Nah-Unendlich-Einstellung drehen Sie den Entfernungsring, so daß die Blendenzahl 8 rechts vom Einstellindex gegenüber dem Unendlich-Zeichen steht, der Index selbst also auf 10 m zeigt. Damit würde sich die Schärfentiefe bei Blende 8 plötzlich von 5 m bis Unendlich erstrecken.

Für die Praxis möchte ich Ihnen raten, die Dinge nicht ganz bis zu diesem Extrem zu treiben, sondern zumindest eine Blendenstufe hinter den Horizont fallen zu lassen, damit gerade die im Unendlichen immer kleiner werdenden Details vom Auge auch wirklich noch als scharf akzeptiert werden. Für hohe Ansprüche empfehle ich sogar, zwei Blenden hinter den Horizont fallen zu lassen. Damit ergäbe sich für das benutzte Beispiel die Einstellung der Unendlich-Marke (∞) auf Blendenzahl 4 rechts vom Index (denn die dazwischenliegende Blende 5,6 ist auf der Schärfentiefenskala aus Platzgründen nicht graviert). Selbst bei dieser kritischen Einstellung läßt sich damit im Vordergrund noch einiges an Schärfe gewinnen.

Schärfentiefenkontrolle auf der Mattscheibe

Dank der Offenblendenmessung und der Springblende sehen wir das Sucherbild in der AE-1 grundsätzlich bei voller Öffnung, d. h. mit nur ganz geringer Schärfentiefe, so daß wir dieses Mattscheibenbild außerdem leicht zur Scharfeinstellung heranziehen können.

Einer der großen Vorzüge der Mattscheibe ist es, daß sie uns eine direkte Vorstellung des Schärfenbereichs bei einer beliebigen Blende geben kann. Da wir diesen Wunsch weniger bei schnellen Schnappschüssen verspüren werden als bei Aufnahmen, bei denen wir mehr Zeit und Muße zu einer sorgfältigen Einstellung und Abwägung der einzelnen Elemente haben, spielt es keine so große Rolle, daß wir in der AE-1 hierzu die Automatik zunächst abschalten müssen. Denn es gibt keinen Zweifel: für die optische Prüfung der Schärfentiefe auf der Mattscheibe ist uns die Automatik im Weg. Wir müssen hier also einen gewissen Kompromiß schließen.

Im Prinzip läßt sich auch die Mattscheibenkontrolle der Schärfentiefe in der AE-1 recht schnell bewerkstelligen, wenn Sie sich die folgenden Handgriffe eingeprägt haben und – das ist besonders wichtig! – die Reihenfolge dieser Handgriffe genau einhalten:

1. Sofern noch nicht geschehen, Verschluß spannen. Nur bei gespanntem Verschluß läßt sich die Blende nämlich anschließend auch über jenen Wert hinaus schließen, der für die letzte Belichtung verwendet wurde.

2. Im Sucher die für den gewünschten Bildausschnitt angezeigte Blende ablesen.

3. Automatik-Sperre des Blendenrings drücken und diesen auf die abgelesene Blende einstellen.

4. Abblendknopf drücken (gegebenenfalls einrasten). Damit schließen sich die Blendenlamellen auf die eingestellte Blende, und die Ausdehnung der Schärfentiefe wird im Sucher sichtbar.

5. Abblendknopf wieder freigeben (gegebenenfalls durch Druck auf seinen Sperrknopf ausklinken).

6. Blendenring bis zur größten Öffnung des eingesetzten Objektivs und – unter Druck auf den Sperrknopf – zurück auf die

Automatik-Marke drehen. Volle Blendenöffnung ist wichtig, da die nächste Aufnahme sonst nicht richtig belichtet würde!

Denken Sie bitte daran, daß der Abblendknopf gesperrt ist, solange das Objektiv auf Automatik steht! Versuchen Sie nicht, den Knopf in diesem Zustand gewaltsam zu drücken!

Augenkorrekturlinsen – Ihre Kamerabrille

Da wir gerade bei der Bildschärfe sind, ein Tip, wie Sie eventuell als Brillenträger auch ohne Brille scharfeinstellen und fotografieren können:

Sofern Ihre Fehlsichtigkeit auf einer reinen Brechkraftdifferenz beruht, d. h., eine reine Nah- oder Weitsichtigkeit ist, können Sie das Sucherokular der AE-1 eventuell durch Zuhilfenahme einer Augenkorrekturlinse speziell auf Ihr Auge abstimmen. Diese Linsen gibt es in 10 verschiedenen Stärken von +3 bis −4 dpt als Canon-Zubehör. Die Dioptrienangaben entsprechen der endgültigen Stärke des normalerweise auf −1 dpt abgestimmten Sucherokulars.

Belichtungskontrolle

Der nächste Schritt ist außerordentlich wichtig für Ihre späteren Aufnahmen:

Stellen Sie den Blendenring des Objektivs auf «A», indem Sie den kleinen Sperrknopf drücken und den Ring gleichzeitig drehen. Sobald Sie den Sperrknopf loslassen, rastet der Ring ein und ist gegen jede versehentliche Verstellung geschützt. **Nur in dieser Automatik-Stellung des Blendenrings sind Aufnahmen mit Belichtungsautomatik möglich!** Ich würde Ihnen raten, alle Ihre Objektive für die AE-1 stets in dieser Stellung zu lassen. Auf die wenigen Ausnahmen, in denen eine Handeinstellung der Blende nötig ist, kommen wir noch zu sprechen.

Wenn Sie jetzt leicht auf den Auslöser drücken, schalten Sie das Meß- und Anzeigesystem der Kamera ein, und die Blendennadel zeigt im Sucher die von der Automatik vorgewählte Blende an. Die konstruktiven Besonderheiten des Auslösers hatten wir bereits auf Seite 49 besprochen. Bliebe hier noch hinzuzufügen, daß Sie die Kamera gegen jede ungewollte Stromentnahme sichern können, indem Sie den um den Auslöser angeordneten kleinen Hebel in Richtung der Kamerarückwand schieben. Damit ist der Auslöser verriegelt, so daß die Kamera auch in einer Universaltasche gegen versehentliche Auslösung geschützt ist. Den Auslöser zwischen den eigentlichen Aufnahmen festzustellen, halte ich für übertrieben und eher dazu geeignet, Aufnahmechancen zu verpassen.

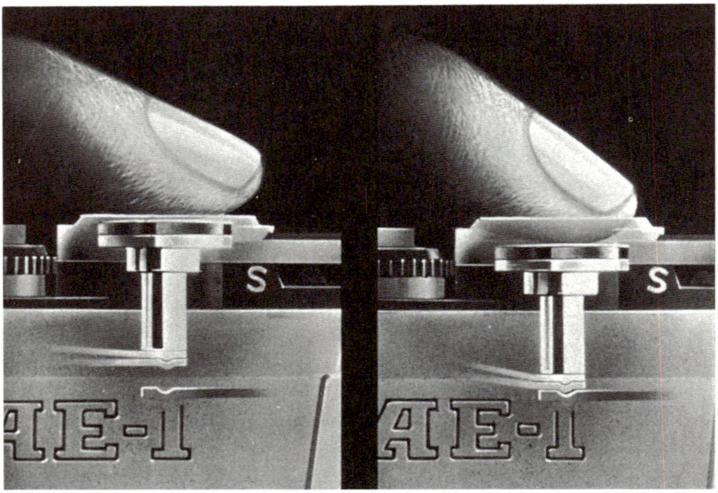

Einzige Aufgabe des großflächigen Auslöseknopfes der AE-1 ist es, zwei verschiedene elektrische Kontakte zu schließen: leicht angedrückt, führt der erste Kontaktschluß zur Einschaltung des Meß- und Anzeigesystems der Kamera; ein kurzes Stück tiefer löst der zweite Kontaktschluß die eigentliche Aufnahme aus.

Auch bei festgestelltem Auslöser kann die Kamera übrigens ausgelöst werden, wenn Sie einen Drahtauslöser in das kleine Gewinde in der Mitte des Auslöseknopfes schrauben. Auf diesen wirkt der Feststeller nicht. Und noch eine zusätzliche Möglichkeit gibt es, das Meßsystem der Kamera auch bei verriegeltem Auslöser zu betätigen: mit Hilfe der Belichtungsprüftaste an der linken Vorderseite.

Vorwahl der Verschlußzeit

Jetzt müssen wir uns klarwerden, welche Verschlußzeit wir unseren Aufnahmen zugrundelegen wollen. Welche Gesichtspunkte dabei eine Rolle spielen, hatten wir bereits in großen Zügen

Das Verschlußzeitenrad der AE-1 liegt im bequemen Griffbereich des Zeigefingers. Ein Griffschutz im rechten hinteren Teil des Rades verhindert eine versehentliche Verstellung und erweist sich gleichzeitig als wirksame Sicherung der eingestellten Filmempfindlichkeit, die sich nur durch Anheben und Drehen desselben Rändelrings in einer bestimmten Stellung des Schnellschalthebels verändern läßt.

erwähnt. Halten Sie sich bitte stets vor Augen, daß Sie für Aufnahmen aus der Hand grundsätzlich nicht länger als 1/30 s belichten sollten. Auch diese Angabe kann nur ungefähr sein, denn es gibt eine ganze Menge Leute, die eine Kamera selbst mit 1/30 s nicht mehr ruhighalten können, während wiederum andere wahre Wunder mit noch längeren Zeiten vollbringen. Hinzu kommt, daß sich diese Angabe auf Brennweiten bis höchstens 50 mm bezieht. Wird die Brennweite länger, vergrößern Sie die Abbildung in der Kamera immer stärker, und mit ihr natürlich die geringste Bewegung (wobei ich die Bewegung des Motivs selbst noch nicht einmal berücksichtigen will).

Für die Wahl der Verschlußzeit in Abhängigkeit von der Brennweite gibt es eine einfache Faustregel: Stellen Sie jene Zeit ein, die dem Reziprokwert der Brennweite am nächsten kommt. Für ein Teleobjektiv 135 mm würden Sie somit mindestens 1/125 s einstellen, für ein Teleobjektiv 200 mm mindestens 1/250 s usw. Diese Werte sind bereits als Grenzwerte anzusehen, und wenn immer es die Verhältnisse zulassen, sollten Sie sogar eine noch kürzere Zeit einstellen. Beachten Sie jedoch, daß Sie sich bei den Verschlußzeiten an **feste** Werte halten müssen, daß das Verschlußzeitenrad also stets in einer seiner Raststellungen stehen muß. Zwischenwerte sind hier nicht einstellbar.

Jetzt wissen Sie zwar, was Sie für ein Objektiv längerer als normaler Brennweite etwa einstellen sollten, die Frage jedoch, welche Zeit Sie für eine Außenaufnahme an einem schönen Tag z. B. verwenden sollten, hängt noch immer in der Luft. Generell möchte ich Ihnen ans Herz legen, nicht einfach irgend etwas einzustellen, sondern gerade an dieser Stelle ein wenig mitzudenken.

Je nachdem, ob der von Ihnen letztlich verwendete Film niedrig- oder hochempfindlich ist, werden sich Ihre Einstellwerte entsprechend verschieben. Wenn wir einmal von durchschnittlichen Verhältnissen, 64 ASA (= 19 DIN) und dem Normalobjektiv ausgehen, so zeigt Ihnen die Blendennadel im Sucher bei Einstellung von 1/125 s bei unseren Lichtverhältnissen schnell Blende 8, d. h. bereits kräftige Abblendung, die schon mit ziemlich großer

Schärfentiefe verbunden ist. Um uns nicht in zuviele Wenn und Aber zu verlieren, wollen wir von einer normalen Schnappschuß-Situation im Familienkreis ausgehen, für die im allgemeinen nur mäßige Abblendung erforderlich ist. Hätten Sie vielleicht $^{1}/_{60}$ s eingestellt und würde Ihnen die Nadel im Sucher Blende 11 anzeigen, so wäre das unter diesen Umständen ein Signal, daß Sie zwar zu einer einwandfreien Belichtung, aber nicht unbedingt zu einem optimalen Bild kommen können. Denn wozu das Objektiv auf ein kleines Löchlein abblenden – das Licht also einfach abschneiden – wenn man eben dieses Licht zu einer Verkürzung der Verschlußzeit und damit mit Sicherheit zu einer schärferen Aufnahme nutzen könnte? Wenn Sie hier die Verschlußzeit auf $^{1}/_{250}$ s verkürzen, zeigt Ihnen die Automatik noch immer Blende 5,6 an – ein wesentlich vernünftigerer Wert.
Ich habe es in der Praxis immer wieder erlebt, daß selbst Leute, die viel fotografieren, einfach eine mäßige Verschlußzeit stehenlassen und ganz normale Aufnahmen mit Blende 11 oder 16 machen. Das ist schlichtweg Unsinn, denn meist ist extreme Schärfentiefe gar nicht nötig – möglicherweise sogar unerwünscht – während eine kurze Verschlußzeit einen deutlichen Gewinn an Konturenschärfe bringt. Davon, daß die optische Leistung der Objektive bei mittleren Blenden fast ausnahmslos besser ist als bei sehr kleinen Blenden, wollen wir nicht einmal reden.

Mit ein wenig Übung werden Sie sehr bald ein Gefühl dafür bekommen, unter welchen Lichtverhältnissen und für welche Aufnahmesituation Sie ungefähr welche Verschlußzeit einstellen sollten. Diese Entscheidung wird von so verschiedenen Erwägungen beeinflußt, daß es einfach unmöglich ist, eine allgemeingültige Regel zu geben. Ich muß Sie bitten, mir weiter durch dieses Buch zu folgen, bis wir den Fragenkomplex in seiner Gesamtheit besprochen haben.

Was tun, wenn . . .

Nach dem, was wir eingangs über die Wechselbeziehung zwischen Blende und Verschlußzeit gelernt haben, dürfte Ihnen jetzt eigentlich die Antwort auf die Frage nicht mehr schwerfallen, was zu tun ist, wenn die Blendennadel im Sucher in eines der beiden roten Überbelichtungs-Warnfelder am oberen Rand der Blendenskala pendelt. Das könnte Ihnen passieren, wenn Sie einen sehr hochempfindlichen Film in der Kamera haben oder die Lichtverhältnisse sehr gut sind und das Verschlußzeitenrad auf einer relativ langen Zeit steht. Sobald Sie in diesem Fall eine kürzere Verschlußzeit einstellen, wird die Automatik eine zunehmend größere Blende vorwählen und im Sucher anzeigen.

Auf eines möchte ich Sie in diesem Zusammenhang besonders hinweisen: sollten Sie aus irgendeinem Grund eine ziemlich lange Verschlußzeit – sagen wir 1/4 oder 1/8 s – eingestellt haben, dann wird die Blendennadel bei normalem Tageslicht plötzlich beim Antippen des Auslösers überhaupt nicht mehr reagieren, gerade so, als funktioniere die Kamera nicht. Bei unseren Trokkenübungen mit der Kamera können Sie das leicht ausprobieren. In diesem Fall ist nämlich die Verschlußzeit so lang, daß die Nadel am obersten Anschlag des Überbelichtungs-Warnfeldes stehenbleibt, der zugleich ihre Grundstellung ist. Ich erwähne dies, damit Sie bei scheinbar nicht ansprechender Nadel nicht an einen Fehler glauben, sondern einen kurzen prüfenden Blick auf das Verschlußzeitenrad werfen. Im normalen Aufnahmebetrieb dürfte es kaum vorkommen, daß Sie eine für die Verhältnisse derartig unrealistische Zeit eingestellt haben.

Die Unterteilung des Überbelichtungs-Warnfeldes in zwei Sektoren trägt der Tatsache Rechnung, daß manche Objektive bis 16, andere wiederum bis 22 abblendbar sind. Je nachdem, welches Objektiv Sie in der Kamera haben, gilt dann das untere bzw. das obere der beiden roten Felder. Die einzige Ausnahme hiervon bietet in der FD-Reihe das Makro-Objektiv 100 mm, dessen Blende sich bis 32 schließen läßt.

Die Frage «Was tun, wenn?» stellt sich möglicherweise auch, wenn Sie unter der Blendenskala plötzlich ein rotes Lämpchen blinken sehen. Dabei handelt es sich um eine Leuchtdiode, die Sie vor Unterbelichtung warnen soll. Wie Sie sehen, reicht die

Blendenskala im Sucher der AE-1 bis 1,2, entsprechend der höchsten für diese Kamera verfügbaren Lichtstärke. Sobald die Lichtstärke des eingesetzten Objektivs für die eingestellte Filmempfindlichkeit und Verschlußzeit bei den herrschenden Lichtverhältnissen nicht mehr ausreicht, beginnt die Leuchtdiode zu blinken: ein Zeichen, daß Sie entweder eine längere Verschlußzeit einstellen, einen Film noch höherer Empfindlichkeit verwenden oder aber das Speedlite 155A zu Hilfe nehmen müssen.

Diese Leuchtdiode blinkt übrigens auch in der Stellung «B» des Verschlußzeitenrades, in der Aufnahmen mit Belichtungsautomatik naturgemäß nicht möglich sind.

Die Verwendung einer Leuchtdiode als Unterbelichtungs-Warnung erscheint mir eine sehr gute konstruktive Lösung, denn Unterbelichtung bedeutet im Normalfall geringe Allgemeinhelligkeit. Und wenn es auch im Sucher immer dunkler wird, besitzt eine blinkende Warnlampe ohne Zweifel den höchsten Aufmerksamkeitswert. Sie ist wesentlich schwerer zu übersehen als das normalerweise gern hierfür verwendete rote Warnfeld, dessen Sichtbarkeit mit sinkender Allgemeinhelligkeit immer geringer wird. Dieser Punkt wurde auch in der Presse allgemein sehr positiv bewertet, gab jedoch gleichzeitig den Anstoß zu einem Irrtum, den ich hier richtigstellen möchte:
Sofort wurden nämlich Stimmen laut, warum Canon denn «nur» am unteren Ende, bei Gefahr einer Unterbelichtung, eine Leuchtdiode vorgesehen hätte, am oberen Ende jedoch, bei Gefahr der Überbelichtung also, bei den herkömmlichen roten Warnfeldern geblieben wäre. Welch ein Rückschritt! – So zumindest der eine oder andere schlaue Kameratester, dem der Weitblick der Canon-Konstrukteure fehlte. Denn jede herkömmliche Lösung mit Gewalt durch eine «moderne» zu ersetzen, mag billige Verkaufsargumente liefern, in manchen Fällen jedoch genau das Gegenteil von der beabsichtigten Wirkung zeitigen. Warum die Canon-Ingenieure hier klüger waren als ihre Kritiker, ist mit wenigen Worten erklärt:
Bei Gefahr der Unterbelichtung steht in der überwiegenden Mehrzahl der Fälle auch im Sucher nur wenig Licht zur Verfü-

gung. Unser Auge adaptiert folglich auf dunkel, und eine blinkende Warnlampe wird sehr gut wahrgenommen. Die Gefahr der Überbelichtung jedoch ist im allgemeinen dann gegeben, wenn Licht in Hülle und Fülle vorhanden ist. Diese Lichtfülle findet ihren Weg natürlich auch in den Sucher, und unser Auge muß auf hell adaptieren. Und siehe da, ein helladaptiertes Auge findet eine blinkende Leuchtdiode auf einmal gar nicht mehr so augenfällig, sondern eher leicht übersehbar! Ein rotes Warnfeld hingegen leuchtet im hellen Sucher absolut unübersehbar, und die Blendennadel hebt sich eindeutig gegen diesen Hintergrund ab. Lassen Sie sich also nicht einreden, die AE-1 böte Ihnen hier eine «halbe Lösung», nur weil manche Leute nicht zu Ende denken.

Und noch eine Leuchtdiode gibt es im Sucher der AE-1, jenes rote «M» nämlich, das zu blinken anfängt, sobald der Blendenring des Objektivs nicht in seiner Automatik-Stellung steht. Diese Leuchte erinnert Sie somit gegebenenfalls daran, daß Sie ohne Belichtungsautomatik fotografieren. (Ungeachtet dessen zeigt die Blendennadel im Sucher **stets** die von der Automatik als richtig ermittelte Blende an, so daß Sie bei gewollter Unter- oder Überbelichtung leicht einen entsprechend korrigierten Wert von Hand einstellen können.) Das rote «M» leuchtet zwangsläufig ebenfalls, sollten Sie ein FL-Objektiv ohne Blendenautomatik oder aber nichtgekuppeltes Zubehör wie Zwischenringe, ein Balgeneinstellgerät usw. verwenden.

Arbeitsbereich der Automatik

Die Belichtungsregelung einer jeden automatischen Kamera bleibt logischerweise nur bis zu gewissen Grenzen einsatzfähig. Durch die Notwendigkeit, die Automatik auf die Empfindlichkeit des jeweils verwendeten Films einzustellen, ergibt sich jedoch eine Verschiebung dieses Arbeitsbereiches, die dann ins Gewicht fällt, wenn wir recht hochempfindlichen Film einsetzen.

Im Prinzip brauchen wir uns lediglich eines zu merken: was sich verschiebt, ist nur die längste mit einer bestimmten Filmempfindlichkeit noch verwendbare Verschlußzeit. Diese Definition bezieht sich wohlgemerkt nur auf die Belichtungsautomatik und das Meßsystem der Kamera. So beträgt die längste Verschlußzeit, mit der sich das Meßsystem und die Automatik in Verbindung mit 24-DIN-Film noch einsetzen lassen, 1/2 s. Die nachstehende Tabelle sagt Ihnen, welche jeweils längste Verschlußzeit für einen Film verwendbar ist. Sollten Sie eine längere Zeit einstellen, so blinkt wiederum die rote Leuchtdiode unter der Blendenskala, die normalerweise Unterbelichtung anzeigt. Gleichzeitig springt die Blendennadel bis an die untere Grenze der Blendenskala. Bei extrem schlechten Lichtverhältnissen entspricht diese Reaktion einer echten Unterbelichtung. Sollten Sie aus Versehen die untere Grenze des verwendbaren Verschlußzeitenbereiches überschreiten, obwohl eine Messung bei den herrschenden Lichtverhältnissen auch mit einer kürzeren Verschlußzeit noch durchaus möglich ist, so unterscheidet sich diese Reaktion unter Umständen sehr stark von der normalen Anzeige. Sie sollten sich deshalb bei Verwendung hochempfindlichen Films grundsätzlich die längste noch im Arbeitsbereich des Meßsystems liegende Verschlußzeit einprägen und darauf achten, daß Sie diese nicht überschreiten.

Selbst wenn Sie eine außerhalb des Arbeitsbereiches liegende Verschlußzeit für Messung und Belichtungsautomatik nicht mehr verwenden können, läßt sie sich unter Umständen mit Handeinstellung der Blende benutzen. Nehmen wir wiederum ein Beispiel, das Sie leicht nachprüfen können: Einstellung der Filmempfindlichkeit auf 200 ASA (= 24 DIN). Die untere Grenze des Arbeitsbereichs beträgt hierfür 1/2 s. Richten Sie die Kamera auf eine Stelle, deren Helligkeit im Sucher zur Anzeige von – sagen wir – Blende 4 führt. Wenn Sie jetzt die Verschlußzeit auf 1 s ändern, leuchtet die rote Warnlampe, und die Blendennadel springt an das untere Ende der Blendenskala. Von der vorhergehenden Messung wissen Sie jedoch, daß eine Verlängerung der Belichtungszeit um eine Stufe durch Schließen der Blende um ebenfalls eine Stufe gegenüber dem vorhin angezeigten Wert ausgeglichen werden kann. Wenn Sie folglich statt der vorhin angezeigten Blende 4 von Hand Blende 5,6 einstellen, ist die

Verschlußzeit 1 s voll einsetzbar. Mit manuell eingestellter Blende 8 könnten Sie ebensogut noch die längste Verschlußzeit, die orange gravierten 2 s, auf dem Einstellrad verwenden.

Untere Grenze des Meß- und Automatikbereichs in Abhängigkeit von der Filmempfindlichkeit

25– 50 ASA	2 s
64– 100 ASA	1 s
125– 200 ASA	1/2 s
250– 400 ASA	1/4 s
500– 800 ASA	1/8 s
1000–1600 ASA	1/15 s
2000–3200 ASA	1/30 s

Die kürzeste Verschlußzeit 1/1000 s stellt in jedem Fall die oberste Grenze des Arbeitsbereiches dar, da sich dieser mit zunehmender Filmempfindlichkeit ja nach oben verschiebt und somit in immer kürzere theoretische Verschlußzeiten hineinreicht, die sich mit unserer Kamera gar nicht mehr realisieren lassen.

Das A und O: die Belichtungsmessung

Es wird Zeit, daß wir uns einem ganz wichtigen Punkt zuwenden, mit dem eine automatische Kamera steht und fällt: die Belichtungsmessung. Nun mögen Sie vielleicht einwenden, daß Sie sich gerade deshalb eine automatische Kamera gekauft haben, um diesen Punkt ein für allemal vergessen zu können. Sehen Sie, hier beginnt die Schizophrenie unserer modernen Welt. Wir «automatisieren» alles nur erdenkliche, auf daß wir uns nicht mehr darum zu kümmern brauchen – und müssen im nächsten Augenblick feststellen, daß wir doch wesentlich besser fahren, wenn wir dem stumpfsinnigen und jeder Intelligenz baren Automaten gelegentlich ein wenig von unserer Intelligenz leihen, um eben das beizusteuern, was wohl kein Automat je fertigbringen wird: die Flexibilität, sich auf die verschiedensten Situationen und Möglichkeiten einzustellen. Denn im Grunde genommen läßt sich ein Automat – auf welchem Gebiete auch immer – eben nur auf das programmieren, was man als Durchschnitt, als in der Mehrzahl der Fälle zu erwarten, ermittelt hat.

Man kann natürlich ohne weiteres den Standpunkt vertreten, daß der Automat seine Arbeit tun sollte, so wie er nun einmal geschaffen ist, und daß man eventuelle Fehlreaktionen als Preis für Bequemlichkeit und Schnelligkeit akzeptiert. Schließlich ist der Automat vom Menschen so hingetrimmt worden, daß ihn nur stark abweichende Verhältnisse durcheinanderbringen. Diese Einstellung dürfte sich jener Käuferkreis zu eigen machen, den ich eingangs als technisch unbeschwerten bezeichnet hatte, der ohne Ballast höchste Geräte-Qualität sucht. Sie als Leser dieses Buches gehören jedoch mit Sicherheit nicht dazu, denn Sie suchen die Information, wie Sie die Möglichkeiten, die Ihnen die AE-1 in der Praxis durchaus bietet, wirklich sinnvoll nutzen können. Und damit wären wir wieder beim Thema.

Wenn wir nämlich allein die Arbeitsweise unseres Automaten kennen und verstehen, besitzen wir bereits den Schlüssel zu seiner Steuerung. Und von Intelligenz gelenkt, kann ein Automat wahre Wunder vollbringen.

Die Meßcharakteristik

Die ziemlich plattgedrückten Zwiebelringe im Bildformat der AE-1 demonstrieren, wie sich die Empfindlichkeit des Meßsystems über das Bildfeld verteilt. Der noch annähernd erhaltene Kreis in der genauen Bildmitte wird am höchsten bewertet, die sich um ihn scharenden Ellipsen begrenzen die Zonen, in denen die Meßempfindlichkeit Stufe um Stufe abnimmt. Dabei fällt auf, daß die Zwiebelringe im oberen Teil des Querformats wesentlich enger beieinanderliegen als in der unteren Hälfte, und daß der mittlere Bereich des Querformats überhaupt am stärksten bewertet wird.
Der Grund für die gedämpfte Empfindlichkeit im oberen Teil des

Diese in das Suchergesichtsfeld der AE-1 eingezeichneten Zwiebelringe verdeutlichen, welchen Zonen die Kamera bei der Lichtmessung das größte Gewicht beimißt.

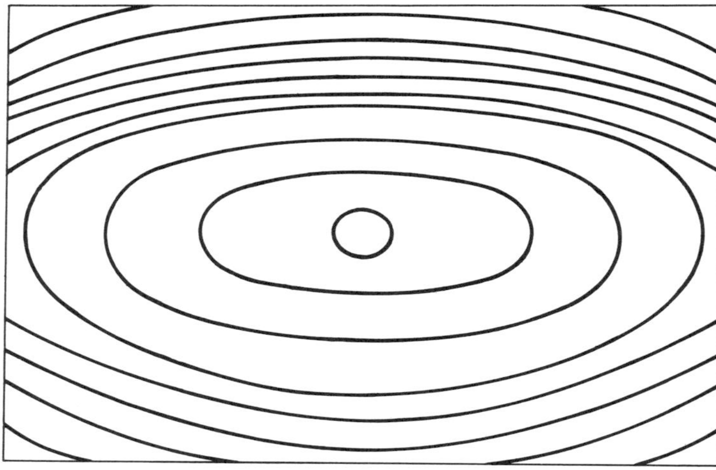

Querformats entspringt dem Wunsch, das bei Landschaftsaufnahmen sehr kräftige Himmelslicht zu dämpfen, da es dem Meßsystem zuviel Licht vorgaukeln und damit eine Unterbelichtung verursachen könnte.

Die Kenntnis der Meßcharakteristik einer automatischen Kamera und ihre Berücksichtigung beim bewußten Arbeiten mit dieser Kamera kann großen Einfluß auf die Ergebnisse haben. Wenn Sie im Geiste dieses Muster von Zwiebelringen Ihren Motiven überlagern, so werden Sie sich bewußt, auf welche Helligkeitsverteilung die Kamera die Belichtung abstimmt. Damit haben Sie es in der Hand, gegebenenfalls helfend einzugreifen, wenn Sie eine beträchtliche Abweichung der Helligkeitsverteilung vom programmierten Normalfall erkennen.

Um den gesamten Vorgang der Belichtungsmessung in unserer Kamera zu verstehen, müssen wir uns zunächst einmal klarwerden, wie ein Belichtungsmesser in großen Zügen arbeitet. Man hat sich generell darauf geeinigt, Belichtungsmesser auf ein Reflexionsvermögen von 18 % zu eichen. Das bedeutet, daß der Belichtungsmesser eine Fläche, deren Reflexionsvermögen 18 % des auftreffenden Lichts beträgt, als «neutralgrau» erkennt und einen Wert anzeigt, der nach menschlichem Ermessen zur ebensolchen Wiedergabe dieser Fläche im Bild führen müßte.

So weit, so gut. Was aber passiert in der Praxis? Mal richten wir die Kamera auf eine glitzernde Wasserfläche, ein andermal auf eine Schneelandschaft, eine Nonne im schwarzen Gewand oder die finstere Kulisse eines Bergwaldes. Unser Belichtungsmesser ahnt natürlich nichts von alledem und meint in jedem einzelnen Fall, er habe eine Fläche vor sich, die dem neutralen Grauwert von 18 % entspricht. Und damit sind wir beim eigentlichen Kern des Problems. Nachdem unser Belichtungsmesser nicht unterscheiden kann, was wir ihm füttern, sollten wir gelegentlich ein wenig dafür sorgen, daß er einigermaßen gleichmäßig und mit Rücksicht auf seine Verdauung gefüttert wird. Mit anderen Worten: für optimale Ergebnisse sollten wir darauf bedacht sein, ihm möglichst stets jene Kost anzubieten, an die er gewöhnt ist: eine neutralgraue Fläche mittlerer Helligkeit.

Die bewußte Belichtung

Jetzt kennen wir die Verteilung der Meßzonen in der AE-1, und wir wissen auch, wie unser Belichtungsmesser überhaupt reagiert. Lassen Sie mich nun einige Beispiele für die Praxis geben, wann und wie Sie bei vom Durchschnitt abweichenden Beleuchtungsverhältnissen helfend eingreifen sollten, wenn Sie optimale Ergebnisse erzielen möchten.

Stellen Sie sich vor, vor Ihnen ein Seeufer, vielleicht mit einem eindrucksvollen Baum als Vordergrund, dahinter die in der Sonne glitzernde Fläche des Sees (kein Gegenlicht!), in der Ferne Berge und «Landschaft» schlechthin. Wenn Sie sich die Meßzonen diesem Bild im Sucher überlagert denken, erkennen Sie sofort, daß die Automatik von der sehr hellen Wasseroberfläche

in Bildmitte unweigerlich in die Irre geführt werden muß. Dieser Teil des Bildes ist überdurchschnittlich hell, und ausgerechnet hier legt das Meßsystem den Maßstab an, diese Zonen – so meint sie – würden einer neutralgrauen Reflexion von 18 % entsprechen. Es kann nicht ausbleiben, daß die Automatik in diesem Fall eine zu kleine Blende wählt. Trotzdem ist für Sie die optimale Belichtung nicht weit: im Sucher angezeigte Blende ablesen, Automatik-Sperre am Blendenring drücken und diesen auf eine um eine Stufe größere Blende einstellen. Fertig.
Oder stellen wir uns vor, Sie benutzen ein Fenster, einen Torbogen oder einen anderen künstlichen «Rahmen» als Vordergrund, der Tiefe zum eigentlichen Hauptmotiv schafft. Sobald dieser Rahmen anteilmäßig an der Bildfläche ins Gewicht fällt, wird er sich mit seiner Dunkelheit auf die Belichtung auswirken, selbst wenn der Meßschwerpunkt in der Mitte liegt. Die dunklen Bildteile – die wir ja eigentlich auch dunkel wiedergeben möchten – würden die Gesamtmessung dahingehend beeinflussen, daß das Hauptmotiv zu hell kommt. Eine solche Überbelichtung jedoch würde die Aufnahme zerstören. Einfache Abhilfe: treten Sie ein wenig vor, so daß die dunklen Bildteile aus dem Sucherbild verschwinden, und lesen Sie die im Sucher angezeigte Blende ab. Diese stellen Sie von Hand am Blendenring ein, treten zurück und drücken bei dem gewünschten Bildausschnitt auf den Auslöser.

Drittes Beispiel: Sie fotografieren am Strand. Ringsum gleißendes Licht, das vom glänzenden Meer und blendenden Strand vielfach zurückgeworfen wird. Ihr Belichtungsmesser kann das natürlich nicht ahnen. Er wird auch diese Lichtfülle für «durchschnittlich» ansehen, wie man es ihm beigebracht hat. Ergebnis: Unterbelichtung. Abhilfe: Stellen Sie von Hand eine Blende ein, die um eine Stufe größer ist als die im Sucher angezeigte.

Sehr ähnlich liegen die Verhältnisse übrigens, wenn Sie im winterlichen Schnee fotografieren. Hier empfiehlt sich etwa das gleiche Verfahren wie am Strand, es sei denn, daß der helle Schnee nur einen geringen Teil des Bildes einnimmt.

Grundsätzlich können Sie im Zweifelsfall auf eine sogenannte

Ersatzmessung zurückgreifen. Sie nähern sich dem wichtigsten Bildteil (oder aber einer Ersatzfläche etwa gleicher Helligkeit und Orientierung zur Lichtquelle) soweit, daß diese Fläche den ganzen Sucher oder wenigstens den größten Teil davon ausfüllt. Die in dieser Stellung im Sucher abgelesene Blende stellen Sie anschließend von Hand ein und wählen den Bildausschnitt in Ruhe nach Ihren Wünschen. Bei der Wahl der Ersatzfläche brauchen Sie lediglich darauf zu achten, daß deren Helligkeit etwa dem «grauen Durchschnitt» entspricht.

Bei all diesen Belichtungskorrekturen leuchtet natürlich im Sucher das rote «M» auf, da Sie den Blendenring aus seiner Automatik-Stellung drehen. Diese Leuchtdiode soll Sie bei weiteren Aufnahmen daran erinnern, daß die Belichtungsautomatik abgeschaltet ist und Sie nicht vergessen dürfen, den Blendenring auf «A» zurückzustellen, sobald Sie wieder mit automatischer Belichtungsregelung fotografieren möchten.

Gegenlichtkorrektur

Von der Erfahrung ausgehend, daß ein Belichtungsmesser – und damit auch eine automatische Belichtungsregelung – bei Gegenlicht meist etwas zuviel Licht erwischt und sich deshalb eine zu knappe Belichtung ergibt, hat Canon die AE-1 mit einer kleinen Taste versehen, bei deren Betätigung sich die Blende um $1^1/_2$ Stufe weiter öffnet. Solange Sie diese Taste gedrückt halten, wenn Sie den Auslöser betätigen, ergibt sich somit eine wesentlich reichlichere Belichtung.

In diesem Punkt allerdings möchte ich mir die Freiheit nehmen, anderer Meinung zu sein als Canon. Nach meiner persönlichen Erfahrung ist bereits eine Blendenstufe zusätzlicher Belichtung bei den meisten Gegenlichtaufnahmen reichlich. Deshalb bin ich von vornherein sehr skeptisch an diese Korrektur um volle $1^1/_2$ Stufen herangegangen. Zahlreiche Versuche mit mehreren verschiedenen Kameras scheinen meine Ansicht zu bestätigen: eine Korrektur um $1^1/_2$ Blendenstufe ist in der Mehrzahl der Fälle zuviel. Leider hat sich Canon bis heute dieser Meinung noch nicht angeschlossen.

Für die Praxis möchte ich Ihnen zu diesem Thema folgende Tips geben:

1. Verwenden Sie die Gegenlichtkorrekturtaste mit äußerster Zurückhaltung! Stellen Sie gegebenenfalls eigene Versuche an, um festzustellen, ob die kräftige Korrektur um 1 1/2 Blendenstufe Ihren Wünschen entspricht.

   Nach meinen Erfahrungen würde ich die Benutzung der Gegenlichtkorrekturtaste ausschließlich in dem von Canon gern zitierten Fall der Aufnahme einer Person gegen ein sehr helles Fenster und bei Sonnenuntergangsaufnahmen anwenden, sofern die Aufnahmebrennweite mindestens 200 mm beträgt und die Sonnenscheibe voll im Bildfeld erfaßt wird, so daß sie die Messung kräftig beeinflußt. Sonnenuntergangsaufnahmen mit kürzeren Brennweiten vertragen keine derartige Korrektur!

2. Für normale Gegenlichtaufnahmen, denen Sie gerade die zauberhafte, duftige Gegenlichtstimmung erhalten wollen, sollten Sie die Blende von Hand um eine halbe bis höchstens eine Stufe gegenüber dem im Sucher angezeigten Wert öffnen.

3. Sollte es Ihnen darauf ankommen, z. B. eine Person im Gegenlicht voll durchzeichnet abzubilden, so bringt eine Ersatzmessung und Handeinstellung wie auf Seite 81 beschrieben zweifellos die besten Ergebnisse. Allerdings bleibt zu berücksichtigen, daß die Gegenlichtstimmung an sich durch die zwangsläufig eintretende Überbelichtung der hellen Bildteile verlorengeht.

Die Belichtungsprüftaste

Sie werden sich vielleicht schon gefragt haben, wozu Canon eine zusätzliche kleine Taste an der linken Vorderseite der Kamera vorgesehen hat, mit der sich das Meß- und Anzeigesystem der AE-1 einschalten läßt, ohne daß Sie den Auslöser halb durchdrücken müssen.

Im allgemeinen werden Sie diesen Knopf nicht benötigen. Lediglich dann, wenn Sie einmal mit **Blendenvorwahl** arbeiten möchten, werden Sie ihn schätzen. Sie brauchen dann nämlich Ihren rechten Zeigefinger zum Drehen des Verschlußzeitenrades und können nicht gleichzeitig den Auslöser antippen, damit Sie den Nadelausschlag im Sucher sehen. Im einzelnen verfahren Sie für Aufnahmen mit Blendenvorwahl wie folgt:

1. Die zur Erzielung der gewünschten Schärfentiefe erforderliche Blende ermitteln.

2. Belichtungsprüftaste mit dem linken Zeigefinger drücken und mit dem rechten Zeigefinger Verschlußzeitenrad drehen, bis der Zeiger im Sucher auf oder in der Nähe der gewünschten Blende steht. Da die Verschlußzeiteneinstellung nur in festen Stufen möglich ist, kann anschließend eine Feineinstellung mit dem Blendenring auf den genauen im Sucher angezeigten Blendenwert erforderlich werden.

3. Durch einen kurzen Blick auf das Verschlußzeitenrad prüfen, ob die so eingestellte Zeit noch für Aufnahmen aus der Hand geeignet ist oder ob Sie einen Kompromiß schließen müssen: Stativ verwenden bzw. sich mit einer größeren Blende bescheiden, die eine noch «haltbare» Verschlußzeit ergibt.

Wozu Blendenvorwahl eigentlich gut ist? Nun, es gibt Situationen, in denen man auf eine relativ genau ausgetüftelte Schärfentiefe nicht verzichten kann. Bei Landschaftsaufnahmen kann es gelegentlich wünschenswert sein, von vorn bis hinten alles scharf abzubilden (obwohl auch ein unscharfer Vordergrund sehr bildwirksam sein kann!), bei Nahaufnahmen ist die Schärfentiefe so gering, daß man sowieso keine andere Wahl hat, als möglichst weit abzublenden, usw.

Arbeitsblendenmessung

Was man unter Offenblendenmessung versteht, hatte ich Ihnen bereits auf Seite 36 erklärt. Als Arbeitsblendenmessung bezeichnet man die Lichtmessung, wenn das Objektiv **effektiv** auf jene Blende geschlossen ist, die später zur eigentlichen Belichtung verwendet wird. Die Blendenvorwahl muß hierzu also ausgeschaltet sein, damit der Blendenring direkt auf die Blendenlamellen wirken kann.
Wann brauchen Sie die Arbeitsblendenmessung? **Ausschließlich** dann, wenn Sie kein FD-, sondern ein FL-Objektiv benutzen (deren gibt es allerdings nur noch sehr wenige) oder wenn Sie die Verbindung zwischen einem FD-Objektiv und der Kamera durch Zwischenschaltung von Zwischenringen, einem Balgeneinstellgerät usw. unterbrechen. Bitte versuchen Sie NICHT, aus irgendeinem obskuren Grund direkt mit der Kamera verbundene FD-Objektive mit Arbeitsblendenmessung zu verwenden! **FD-Objektive sind für Offenblendenmessung konstruiert und würden bei Arbeitsblendenmessung Meßfehler ergeben!** Einzige Ausnahme: wenn die Verbindung zwischen FD-Objektiv und Kamera durch ein nichtgekuppeltes Zubehör unterbrochen ist. Nur in diesem Fall führt Arbeitsblendenmessung mit FD-Objektiven zu zuverlässigen Ergebnissen.

Für die Arbeitsblendenmessung mit FL-Objektiven verfährt man wie folgt:

1. Abblendknopf der Kamera drücken, so daß er einrastet.

2. Auslöser (gegebenenfalls Belichtungsprüftaste) antippen und Blendennadel im Sucher durch Drehen des Blendenrings bzw. des Verschlußzeitenrades auf den Index gegenüber Blende 5,6 einpendeln.

3. Auslöser zur Belichtung drücken.

4. Abblendknopf durch Druck auf seinen kleinen Sperrknopf wieder entriegeln.

Über die Arbeitsblendenmessung mit Handeinstellung der Blende bei Verwendung nichtgekuppelten Zubehörs sprechen wir im Zusammenhang mit Nahaufnahmen auf Seite 135.

Kleine Filmkunde

Nachdem wir so ausgiebig trocken geschwommen sind, wird es langsam Ernst, und wir wollen uns kurz darüber klarwerden, welche Unterschiede es beim Aufnahmematerial gibt, das wir als Film in unsere Kamera einlegen. Einfach in ein Fotogeschäft zu gehen und irgendeinen beliebigen Film zu kaufen, wäre schlicht unverantwortlich.

Empfindlichkeit

Dieser Begriff ist schon recht oft gefallen, und wir haben es bisher bei der etwas summarischen Voraussetzung bewenden lassen, daß nicht jeder Film gleich auf dieselbe Lichtmenge reagiert. Insbesondere treten immer wieder zwei Abkürzungen auf, die als Maß für die Empfindlichkeit eines Films verwendet werden: in Deutschland DIN (Deutsche Industrie-Norm), im Ausland ASA (American Standards Association).

Leider sind ausländische Kameras, die zu uns nach Deutschland kommen, fast ausschließlich in ASA graviert, so daß der Deutsche, der in DIN zu denken gewohnt ist, stets mit zwei Systemen hantieren muß. Im Grunde ist es natürlich völlig gleichgültig, ob Sie die Filmempfindlichkeit in ASA oder in DIN an Ihrer Kamera einstellen. Beide Systeme sind gleichwertig, nur die Zahlen ändern sich. Damit Sie jederzeit nachschlagen können, stelle ich Ihnen hier die ASA- und DIN-Werte für den Einstellbereich der AE-1 gegenüber.
Jeweils 3 DIN entsprechen einer Blenden- bzw. Verschlußzeitenstufe. Im ASA-System ergibt eine Blendenstufe jeweils eine Verdoppelung des Zahlenwertes. Je niedriger der Zahlenwert in beiden Systemen, um so geringer die Empfindlichkeit des Films.

ASA	DIN
25	15
32	16
40	17
50	18
64	19
80	20
100	21
125	22
160	23
200	24
250	25
320	26
400	27
500	28
640	29
800	30
1000	31
1250	32
1600	33
2000	34
2500	35
3200	36

Im allgemeinen gilt, daß Filme niedrigerer Empfindlichkeit feinkörniger sind als solche höherer Empfindlichkeit, was sich in Ihren Bildern als größere Schärfe niederschlägt. Man sollte deshalb die Empfindlichkeit des Materials auf den Verwendungszweck abstimmen. Filme sehr geringer Empfindlichkeit eignen sich z. B. besser für Reproduktionen, der mittlere Bereich von 17 bis vielleicht 22 DIN als Universalmaterial und höhere Empfindlichkeit für ungeblitzte Aufnahmen bei schlechtem Licht, Innenaufnahmen, Aufnahmen auf Veranstaltungen und jene Fotografie schlechthin, die bemüht ist, die Echtheit der Stimmung auch oder gerade am Rande des Lichts nicht durch zusätzliche Lichtquellen zu zerstören. Die generelle Verwendung sehr hochempfindlichen Materials ist jedoch nicht ratsam.

Dia oder Negativ?

Eine sehr grundsätzliche Entscheidung müssen Sie treffen, bevor Sie einen Film in Ihre Kamera einlegen: möchten Sie Ihre Ergebnisse in Form von Papierbildern oder in Form von Diapositiven sehen? Der Unterschied kann himmelweit sein.

Ein Papierbild hat den Vorteil, daß es sich leicht spazierentragen und überall bequem zur Ansicht präsentieren läßt. Als Nachteile stehen dem gegenüber: nur begrenzte Fähigkeit der Wiedergabe feiner Abstufungen und die Notwendigkeit, sich entweder ein eigenes Labor einzurichten und einen nicht unbeträchtlichen Zeitaufwand zu betreiben, um die Ausarbeitung der Filme und ihre Vergrößerung selbst vorzunehmen, oder aber ein Labor einzuschalten, über dessen Arbeit man selbst keine Kontrolle hat. Dieses Argument wiegt für mich so schwer, daß es allein die Wahl praktisch schon entscheidet. Für lieblose Printer-Bilder oft zweifelhafter Qualität wäre mir eine so hochwertige Ausrüstung wie die AE-1 und ihre Objektive zu schade. Hüten Sie sich insbesondere, die Qualität Ihrer Ausrüstung nach derartigen Zweitprodukten zu beurteilen, die durch die Vergrößerung einen zweiten chemischen Vorgang und ein zweites optisches System durchlaufen haben, über dessen Qualität und Einstellung Sie nichts wissen!

Ein Diapositiv hingegen ist ein echter Maßstab für die Qualität Ihrer Ausrüstung. Mit einem guten Projektor vorgeführt, läßt es ein Stück Wirklichkeit vor Ihnen erstrahlen. Die Projektionslampe ersetzt das Licht der Sonne. Die Abstufung der Töne und Nuancen im Dia sind um ein Mehrfaches feiner als in einem Papierbild. Sein Größenverhältnis ist günstiger, so daß allein dadurch ein realistischerer Eindruck entsteht. Die Kosten einer Leinwand und eines guten Projektors haben Sie durch die geringeren Gesamtkosten des Diafilms bald wieder hereingespielt. Die wesentlich höhere Qualität und Natürlichkeit der Projektion entschädigt Sie für die kleine Mühe, Ihr Vorführgerät erst «aufbauen» zu müssen.
Und wenn Sie einmal glauben, bei gewissen Aufnahmen absolut

nicht ohne ein Papierbild auskommen zu können, so bleibt Ihnen immer noch der Gang zum Fotohändler. Auch nach Diapositiven lassen sich nämlich Papierbilder anfertigen, wenngleich ihre Qualität jener guter Vergrößerungen von einem guten Farbnegativ noch nicht gleichwertig ist.

Filmsalat

Bei diesem Titel denke ich nicht daran, daß Sie in Ihrer AE-1 eine Ladehemmung produzieren, denn das dürfte Ihnen schwerfallen. Vielmehr möchte ich Ihnen noch schnell einige buntgemischte Informationen zum Sachgebiet Film geben, die das Thema abrunden sollen.

Filme sind bis zu ihrer Entwicklung nur begrenzt lagerfähig. Das Verfalldatum finden Sie aufgedruckt auf der Filmschachtel. Bis zu diesem Datum sollte der Film entwickelt werden. Danach ist er theoretisch unbegrenzt haltbar.
Während Schwarzweißfilme im allgemeinen sehr lange lagerfähig sind, ist die Lebensdauer von Farbfilmen nur kürzer. Der Lagerung Ihres Filmvorrats kommt deshalb einige Bedeutung zu. Für sämtliche Filme gilt, daß sie kühl und trocken gelagert werden sollten. Für Farbfilme würde ich Ihnen sogar die Aufbewahrung in der Tiefkühltruhe empfehlen. Lediglich vor dem Einlegen eines Films in die Kamera müssen Sie dafür Sorge tragen, daß tiefgefrorenes Material genügend Zeit hat, völlig aufzutauen und die Zimmertemperatur anzunehmen.

Denken Sie bitte bei Reisen stets daran, daß Filme temperatur- und feuchtigkeitsempfindlich sind. Mit ein wenig Umsicht werden Sie selbst in den Tropen unter einigermaßen normalen Verhältnissen keine Schwierigkeiten haben, solange sich Ihr Aufenthalt nicht gleich über mehrere Monate erstreckt. Schützen Sie Ihre Filme vor direkter Sonneneinwirkung und vor heißen Stellen, z. B. in Kraftfahrzeugen. Bei manchen Fahrzeugen wird der Wagenboden durch das Auspuffsystem von der Unterseite derartig aufgeheizt, daß direkt darüber abgestellte Filme bei einer längeren Fahrt Schaden nehmen können. Filme ohne zusätzliche Schutzmaßnahmen in einem geschlossenen Pkw zurückzulassen, der in der prallen Sonne steht, ist natürlich sträflicher Leichtsinn. Für eine Reise in warme Länder, bei denen Sie nicht umhin können, Ihren Filmvorrat auf diese Weise im Pkw zu lassen, sollten Sie die geringe Ausgabe für eine Camping-Kühlbox nicht scheuen. Mit weniger Platz zu praktisch gleichen Ergebnissen kommen Sie, wenn Sie sich einen ganz einfachen, leichten Alukoffer, z. B. von der Fa. Rox, kaufen und diesen innen allseitig mit dickem Schaumstoff isolieren. Auf diese Weise habe ich schon viele Filme durch sehr hohe Temperaturen gebracht.

Wenn Sie schließlich Filme belichtet haben, dann ist es ratsam, sie möglichst bald zu entwickeln bzw. zur Entwicklung zu geben. Dies gilt insbesondere für Farbfilm, bei dem im Falle längerer Lagerung nach der Belichtung Farbverschiebungen eintreten können.

Und nun frisch gewagt!

Jetzt wollen wir die Theorie endlich an den Nagel hängen und das in der Praxis ausprobieren, was wir bisher nur am grünen Tisch besprochen haben.

Einlegen des Films

Die Rückwand der AE-1 springt auf, sobald Sie den Rückspulknopf über einen kleinen Widerstand voll herausziehen. Die Rückspulkurbel brauchen Sie zu diesem Zweck nicht auszuklappen. Bevor Sie die Filmpatrone auf der linken Kameraseite einsetzen, sollten Sie den Filmanfang in einen der Schlitze der Aufwickelspule auf der rechten Seite schieben und mit dem Schnellschalthebel ein Stück aufwickeln, bis er fest auf der Spule sitzt. Dann können Sie die Patrone links einsetzen und den Rückspulknopf wieder nach unten schieben, so daß er in die Patrone eingreift. Falls nötig, müssen Sie ihn hierzu leicht drehen.

Jetzt brauchen wir allerdings die Rückspulkurbel, denn damit straffen wir den Film, während wir die Patrone mit dem linken Daumen festhalten. Transportieren Sie den Film anschließend mit dem Schnellschalthebel so weit, daß die Zahntrommel auf beiden Seiten in die Perforation greift. Jetzt kann die Rückwand geschlossen werden.

Um den Rückspulknopf als Kontrolle dafür benutzen zu können, ob der Film einwandfrei transportiert wird, drehen wir die Kurbel nun solange vorsichtig in Pfeilrichtung, bis ein Widerstand anzeigt, daß der Film auch in der Patrone straff gewickelt ist. Wenn Sie jetzt den Schnellschalthebel betätigen, muß sich die Rückspulkurbel entgegen der Pfeilrichtung mitdrehen. Wie üblich machen wir zwei Leeraufnahmen, nach denen der Auslöser gedrückt werden muß, um das beim Einlegen belichtete Filmstück zu transportieren. Mit der nächsten Betätigung des Schalthebels wird die Kamera auf die erste Aufnahme vorbereitet.

Achtung: Beim Filmeinlegen darf auf keinen Fall der unmittelbar vor dem Bildfenster liegende Verschlußvorhang berührt werden! Um Lichteinfall in die Patrone zu vermeiden, sollten Sie den Film grundsätzlich im Schatten wechseln. Wenn sich absolut kein schattiges Fleckchen bietet, betätigen Sie sich selbst als Schattenspender, indem Sie sich schützend über die Kamera beugen.

Und nun darf ich Sie an Seite 56 erinnern, auf der wir über das Einstellen der Filmempfindlichkeit gesprochen hatten. Wenn Sie stets das gleiche Filmmaterial verwenden, können Sie diese Einstellung nach dem ersten Mal vergessen. Ansonsten heißt es jedoch aufpassen! Die Belichtungsautomatik der AE-1 kann nur funktionieren, wenn Sie ihr verraten, welche Empfindlichkeit der eingelegte Film hat!

Die Filmmerkklemme

Wer sein Filmmaterial häufig wechselt, findet hier eine Gedächtnisstütze. Eine abgerissene Lasche der Filmschachtel paßt nämlich genau in die Klemme auf der Rückwand der AE-1.

Das Bildzählwerk

Die AE-1 zählt nicht nur die Anzahl der belichteten Aufnahmen, sondern beim Rückspulen des Films auch rückwärts. Sofern Sie Ihre Filme selbst verarbeiten, kann dies dazu verhelfen, so rechtzeitig mit dem Rückspulen aufzuhören, daß der Filmanfang nicht voll in die Patrone zurückgespult wird. Farbfilm, der vom Hersteller entwickelt wird, kann ruhig voll in die Patrone zurückgespult werden. Dieses Verfahren läßt keinen Zweifel darüber, welche Ihrer Filme bereits belichtet sind und erspart Ihnen die peinliche Erfahrung, daß Sie einen Film zweimal einlegen und Doppelbelichtungen am laufenden Meter produzieren.

Rückspulen des Films

Irgendwann geht auch der beste Kleinbildfilm einmal zu Ende. Je nachdem, ob Sie eine 20er oder eine 36er Patrone gekauft haben, steht das Zählwerk auf der roten «20» bzw. «36», und der Schalthebel läßt sich plötzlich überhaupt nicht mehr oder nur noch ein Stück bewegen. Den Schalthebel jetzt mit Gewalt bis zum Ende zu reißen, hieße Ihre AE-1 vergewaltigen!

Bevor Sie jedoch die Rückwand öffnen, muß der Film unbedingt in die lichtdichte Patrone zurückgespult werden. Ein Druck auf den Freilaufknopf in der Kamera-Bodenplatte kuppelt den Transportmechanismus aus, und die Rückspulung mit der ausklappbaren Kurbel bietet keine Probleme mehr. Sobald sich der Film wieder geschützt in der Patrone befindet, können Sie den Rückspulknopf wie vorher beschrieben herausziehen und die Patrone entnehmen.

Haltung bewahren!

Gerade beim Fotografieren heißt es tatsächlich, Haltung zu bewahren. Was man in dieser Beziehung immer wieder an geradezu unglaublichen «Zweifinger-Haltungen» beobachten kann, ist schier unbeschreiblich. Oft braucht man nur bei der Entstehung einer Aufnahme zuzuschauen, um dem Sonntagsfotografen auf der Stelle die Diagnose stellen zu können, daß seine Aufnahme unscharf sein muß.

Nachdem Sie sich eine Hochleistungskamera mit ebenso hochwertigen Objektiven gekauft haben, werden Sie – dessen bin ich sicher – auf eine vernünftige Kamerahaltung achten, denn zum Verwackeln reicht die billigste Pocket-Kamera!

Die Bedienungsanleitung der AE-1 zeigt Ihnen die Grundhaltung im Querformat. Mit der dort abgebildeten Haltung für Hochaufnahmen bin ich jedoch nicht voll einverstanden. Die linke Hand gehört nämlich mit Daumen und Mittelfinger an den Entfernungsring des Objektivs! Schließlich wollen Sie jederzeit schußbereit sein, und dazu gehört die Fähigkeit, laufend die Bildschärfe nachzustellen. Einziger Nachteil dieser Haltung, die ich selbst vorzugsweise anwende: man muß die Kamera absetzen, um den Schnellschalthebel zu bedienen. Dieser Nachteil entfällt, wenn Sie einen Motor verwenden.

Für Hochaufnahmen gibt es eine zweite Haltung, die auf der Stellung für Queraufnahmen basiert. Für schnelle Schußfolgen ohne Motor dürfte diese Haltung günstiger sein: die Kamera ruht mit ihrer linken Kante auf dem Ballen der linken Hand. Daumen und Zeigefinger der linken Hand bedienen den Entfernungsring. Der linke Mittelfinger stützt sich am Blendenring ab. Der Daumen der rechten Hand liegt hinter dem in Bereitschaftsstellung stehenden Schnellschalthebel, der rechte Zeigefinger auf dem Auslöser. Mittel- und Ringfinger der rechten Hand finden an der Griffstütze des Batteriefachdeckels Halt.

Apropos Griffstütze. Ich habe schon Kommentare von durchaus engagierten Fotografen gehört, die diese Griffstütze als Rückfall in die Steinzeit des Styling bezeichneten – ohne allerdings je mit der AE-1 gearbeitet zu haben! Wer die Kamera nämlich einmal in der Hand gehabt hat, um etwas mehr mit ihr anzustellen, als nur den Namenszug «Canon» zu lesen, der wird mir recht geben, daß die Ausbildung des Batteriefachdeckels als Griffstütze an dieser Stelle ein kleiner Geniestreich war.

Auf Wunsch ist die Canon AE-1 auch in schwarz erhältlich.

Fotografie ist keine Hexerei

Ich will nicht behaupten, ich könnte auf wenigen Buchseiten einen Francisco Hidalgo aus Ihnen machen, doch eines kann ich sicher: Ihnen einige grundsätzliche Überlegungen zum Thema Fotografie näherbringen, deren Verstehen Ihnen automatisch die Augen öffnen wird für im Grunde nur wenige, einfach Grundregeln der Fotografie. Streng genommen handelt es sich einfach darum, gewisse Zusammenhänge gedanklich zu erfassen. Und plötzlich fällt es einem wie Schuppen von den Augen, was man bisher aus reinem Unverständnis falsch gemacht hat.

Wenn wir die Fotografie verstehen wollen, dann müssen wir uns allem voran erst einmal darüber klarwerden, welche fundamentalen Unterschiede zwischen unserem Auge und dem Auge unserer Kamera bestehen. Beide sprechen sie auf Licht an, und doch sehen sie die Welt auf recht verschiedene Art.

Unser Auge besitzt nur einen sehr kleinen Bildwinkel, den es dadurch ausgleicht, daß es in schneller Folge die vor uns liegende Szene abtastet. Im Verein mit unserem Gehirn als Speicher entsteht so ein Gesamteindruck, der sich in Wirklichkeit aus lauter Mosaiksteinchen zusammensetzt. Bei dieser Abtastbewegung vollbringt unser Auge zwei Kunststückchen, zu denen eine Stehbildkamera wie die AE-1 nicht fähig ist: je nach den Erfordernissen stellt es sich blitzschnell auf die Entfernung des gerade betrachteten Details ein. Dadurch entsteht im Gehirn der Eindruck, wir könnten praktisch alles scharf sehen, von nah bis fern. Außerdem besitzt unser Auge so eine Art automatische Belichtungsregelung in Form der Iris, etwa vergleichbar der automatisch nachgesteuerten Blende unserer AE-1. Von Detail zu Detail stellt sich unser Auge in gewissen Grenzen auf Helligkeitsunterschiede ein, es gleicht also gewissermaßen die Belichtung in **einem** Bild so aus, daß ein besser abgestufter Gesamteindruck entsteht.

Wenn wir dem die Fotografie entgegensetzen, so müssen wir zunächst feststellen, daß wir den laufenden Abtastvorgang durch eine meist sehr kurze Momentbelichtung des Bildes ersetzen. Man könnte sagen, wir frieren ein winziges Stückchen Zeit ein. Während wir damit in der normalen Stehbildfotografie zwar keine Bewegung direkt wiedergeben können, bleibt uns immerhin der Vorteil einer wesentlich größeren Beständigkeit: das vom Auge Gesehene und vom Gehirn Registrierte ist konkret «vergangen», sobald wir unseren Blick auf eine neue Szene richten. Das fotografische Bild hingegen ist weniger vergänglich. Es hält den eingefangenen Momentaneindruck für längere Zeit fest.

In der Fotografie müssen wir uns genau überlegen, welche Bildteile, genauer gesagt, welche Bildebene scharf abgebildet werden soll. Denn mit der Momentanbelichtung ist es etwa so, als würden wir das Auge nur ganz kurz öffnen. In diesem Fall könnte auch das Auge nur Details in einer bestimmten Entfernung scharf erfassen, weil es keine Zeit zur Umstellung hätte.

Mit der Helligkeitsanpassung – der Adaptation des Auges – sieht es in der Fotografie ähnlich beschränkt aus. Wir müssen die Belichtung auf einen Mittelwert für das gesamte Bild abstimmen. Bei sehr hohem Kontrast – d. h. extremen Gegensätzen zwischen Hell und Dunkel – kann es dann nicht ausbleiben, daß die Grenze des noch zufriedenstellend Wiedergebbaren gelegentlich überschritten wird. Auch das Auge kennt hier ja den Effekt der Blendung, der seiner Funktionsfähigkeit Grenzen setzt.

Ein sehr schwerwiegender Unterschied schließlich ist die Tatsache, daß wir zwei Augen besitzen, deren Seheindrücke im Gehirn zu einem räumlichen Bild verschmelzen. Unsere AE-1 hingegen ist – wie wir mit Stolz feststellten – eine «Einäugige». Und diese «Sehbehinderung» wirkt sich etwa so aus, als wenn Sie sich ein Auge zuhalten. Der Unterschied ist frappierend. Plötzlich verschwindet jede Trennung zwischen Vorder- und Hintergrund, die Linien laufen ineinander.

Man könnte diese Liste noch eine ganze Weile fortsetzen. Mit diesen wenigen Beispielen wollte ich Ihnen einen Denkanstoß geben. Wenn wir uns nämlich einmal über die grundlegenden Unterschiede zwischen dem Augeneindruck und einem fotografischen Bild klargeworden sind, ergeben sich geeignete «Gegenmaßnahmen» fast von selbst. Wenn Sie wollen, können Sie diese Gegenmaßnahmen auch die Grundregeln der Fotografie nennen.

Weniger ist mehr

Unsere AE-1 fängt zwangsläufig stets nur einen Ausschnitt dessen ein, was vor ihr liegt. Nun sind die Grenzen dieses Ausschnitts dank moderner Objektive allerdings sehr weit gesteckt. Mit einem Weitwinkelobjektiv können Sie geradezu unendlich viel auf das kleine Bild bannen, mit einem Teleobjektiv picken Sie sich immer kleiner werdende Details heraus. Während natürlich jede Objektivgruppe ihre besonderen Anwendungen und ihre besondere Berechtigung besitzt, dürfen Sie sich generell an den alten fotografischen Leitsatz halten, daß in den meisten Fällen ein Weniger mehr ist.

Nehmen wir ein ganz primitives Beispiel: Wie oft werden wir Zeuge der «Ameisen-Fotografie»! Da stellt der Vati die Mutti irgendwo vor ein Gebüsch, um sie im neuen Frühjahrskleid zu fotografieren. Dann tritt er zurück . . . zurück . . . zurück. Erst, wenn er die absolute Gewähr dafür hat, daß Mutti wirklich nur noch als «Ameise», als vergrößertes Pünktchen, auf dem Bild zu sehen sein wird, bleibt er stehen und drückt auf den Auslöser.

Nun zum Kontrast vielleicht noch einmal dieselbe Szene mit Ihnen als bewußt Fotografierendem in der Hauptrolle: Als erstes stellen Sie Mutti mal nicht direkt an das Gewirr von Zweigen und Blättern, denn scharf abgebildet würde dieser Hindergrund Ihr Motiv empfindlich stören. Als nächstes stellen Sie eine möglichst kurze Verschlußzeit ein, damit Ihnen die AE-1 eine möglichst große Blende gibt. Denn Sie wissen ja: große Blende = geringe Schärfentiefe. Und gerade geringe Schärfentiefe, die nur den Kopf unseres Motivs erfaßt, kommt uns hier gelegen. Alle Umgebung ist unwichtig, ja störend. Je unschärfer dieser störende Hintergrund, um so plastischer wird sich unser eigentliches Motiv abheben. Gehen wir einmal davon aus, daß Sie das Normalobjektiv in der Kamera haben, das die hier geschilderte Situation zwar meistert, wenngleich es bessere Lösungen gibt.

Jetzt pirschen Sie sich so nah an Ihr Motiv heran, daß Sie es mehr oder weniger formatfüllend im Sucher sehen. Und wenn der Rocksaum nicht unbedingt eine so große Rolle spielt, denn würde ich zum Brustbild raten! Was Sie jetzt fotografieren, ist wirklich Mutti im Frühling und keine Ameise in der großen, weiten Natur.

Warum ich eben erklärte, das Normalobjektiv sei noch nicht die beste Lösung für eine solche Aufgabe, werde ich Ihnen auf Seite 103 unter «Wohldosierte Schärfe» näher erläutern.

Wenn Sie einmal ausprobiert haben, welchen Unterschied dieses Nahe-Herangehen ausmacht, dann sind Sie mit Sicherheit von der Versuchung des «Zurücktretens» geheilt. Sie sollten grundsätzlich daran denken, daß ein Detail, ein begrenzter Ausschnitt, in den allermeisten Fällen mehr aussagt als eine Übersicht. Selbstverständlich wird man nicht ganz auf Übersichten verzichten wollen. Das ist auch gar nicht nötig. Doch zur Ausarbeitung eines Themas gehört das Detail.

Zweidimensionale Plastik

Ich hatte Ihnen vorhin das Beispiel des mit einer Hand abgedeckten Auges genannt und würde Ihnen empfehlen, daß Sie sich dieses einfachsten und billigsten aller Tricks sehr häufig bedienen, bevor Sie eine Aufnahme machen. Wenn Ihnen das Motiv von dem gewählten Standpunkt auch mit einem Auge gefällt, ist Ihre Wahl wahrscheinlich richtig. In sehr vielen Fällen werden Sie jedoch erkennen, daß plötzlich alle möglichen Linien und Flächen ineinanderlaufen, daß jede Tiefenstaffelung fehlt – kurz, daß es einen «Salat» gibt. Das ist das Alarmzeichen, den Standpunkt zu ändern, das Motiv besser herauszuarbeiten. Der gewitzte Fotograf umkreist sein Motiv wie eine Beute, bis er die beste Schußposition gefunden hat.

Wenngleich wir in unserer Art der Fotografie auf die dritte Dimension verzichten müssen, verfügen wir doch über eine ganze Reihe von Hilfsmitteln, die diesen Mangel vergessen lassen können. Eines der bedeutsamsten ist eine bewußte Tiefenstaffelung: Vordergrund, Mittelgrund, Hintergrund. Wenn Sie sich irgendwo in die Landschaft stellen und einfach «draufdrücken», so braucht es Sie später nicht zu wundern, daß das Ergebnis enttäuschend ist – flach, nichtssagend, langweilig. Es gibt kaum eine Situation, in der sich nicht irgendein Vordergrund finden ließe, sei es ein Baum, ein Zweig, oder was auch immer. Im Bild zeigt ein naher Gegenstand unserem Auge den Unterschied zur Ferne. Er schafft gewissermaßen einen Maßstab, an dem das Auge die Weite ermessen kann. So entsteht jene Pseudo-Plastik, die uns in guten Fotos über das Fehlen der dritten Dimension hinwegsehen läßt.

Machen Sie sich doch einmal die kleine Mühe, gute Fotos in Büchern oder Zeitschriften bewußt auf ihre Gestaltung hin anzusehen. Dabei wird Ihnen sicher auffallen, daß die Diagonale ein weiteres, überaus wichtiges Gestaltungsmittel ist, das die Bildaussage unterstützt. Sobald Sie etwas von vorn – frontal – ablichten, wird es flach. Schaffen Sie hingegen einen diagonalen Linienverlauf, kommt plötzlich Dynamik, Leben ins Bild. Der Vorteil der Diagonalen als Gestaltungselement liegt darin, daß sie sich fast ausnahmslos schaffen läßt, denn sie ist allein eine Folge des Aufnahmestandpunkts. Praktisch stets haben Sie die Wahl, sich entweder frontal vor etwas aufzubauen oder aber nur wenige Schritte zur Seite zu treten, um Diagonalen zu schaffen. Ob es sich dabei um einen Weg, ein Ufer, einen Baumstamm, einen Zaun oder ganz einfach Licht und Schatten handelt, spielt keine Rolle.
Licht ist überhaupt ein ausgezeichnetes Mittel, um unseren Bildern Tiefe zu geben. Wir müssen nur lernen, Licht und Schatten bewußt zu sehen. Erst der Schatten macht Licht fotografisch wirkungsvoll.

Dressiertes Licht

Lassen Sie uns unter Licht einmal nur jene Beleuchtungsart verstehen, die zweifellos bei den meisten Aufnahmen Pate steht: das Sonnenlicht. Es ist durchaus nicht gleichgültig, wo die liebe Sonne steht, wenn Sie Ihre Bilder machen. Zunächst einmal sollten Sie jenen alten Spruch vergessen, der da besagt, für beste Ergebnisse müsse die Sonne im Rücken stehen. Das mag bei Großvaters Knipskistchen eine Voraussetzung für einigermaßen annehmbare Bilder gewesen sein, heute brauchen wir derartige Rücksichten nicht mehr zu nehmen, denn wir besitzen inzwischen die technischen Voraussetzungen, um mit dem Licht praktisch in jeder Richtung fertigzuwerden. Und bei diesen Voraussetzungen kann man das Rückenlicht – das heißt also die im Rücken stehende Sonne – nur als den kürzesten Weg zu langweiligen Bildern bezeichnen.

Wieso? Ganz einfach: Lassen Sie Ihre AE-1 ruhig in der Tasche und schauen Sie sich an einem schönen Tag einmal um. Solange die Sonne in Ihrem Rücken steht, sehen Sie praktisch keine Schatten. Jeder Gegenstand wirft seinen Schatten hinter sich, wo er Ihren Blicken verborgen bleibt. Nun hatten wir aber etwas weiter vorn festgestellt, daß Licht ohne Schatten zur fotografischen Gestaltung praktisch unbrauchbar ist. Eben deshalb möchte ich Ihnen vorschlagen: vergessen Sie das Rückenlicht! In der Praxis wird sich das nicht immer voll bewerkstelligen lassen, doch sobald Sie eine Wahl haben, sollten Sie sich dieser Regel erinnern.

Wie geht's besser? Na, zum Beispiel mit Seitenlicht. Sobald das Sonnenlicht im rechten Winkel zur Aufnahmerichtung einfällt, werfen plötzlich alle Gegenstände ihren Schatten in Ihr direktes Blickfeld. Und auf einmal wird die Sache interessant. Was vorher tot und strukturlos erschien, nimmt plötzlich – auch mit einem Auge betrachtet – plastische Realität an. Denn Schatten modellieren, schaffen Abwechslung, Tiefe. Deshalb wirkt eine im Seitenlicht fotografierte Szene nicht nur plastischer, sondern auch subjektiv schärfer als eine Aufnahme mit Rückenlicht.

Das andere Extrem: Gegenlicht. Die Schatten fallen direkt auf Sie zu, die Sonne umgibt alles, was sich ihr in den Weg stellt, mit unglaublich fotogenen Lichtsäumen. Atmosphäre, Staub oder Rauch wird vom Licht durchstrahlt und direkt sichtbar gemacht. Unruhige Flächen hüllen sich in schützendes Dunkel, verschmelzen zu größeren Einheiten und bringen wohltuende Ausgewogenheit. Kurz: Gegenlicht ist eine echte Delikatesse. Daß es jeden Belichtungsmesser vor gewisse Schwierigkeiten stellt, ist der Preis, den wir für seinen Zauber zahlen müssen. Für die Praxis mit der AE-1 empfiehlt sich die Handeinstellung einer um $1/2$ bis 1 Stufe größeren Blende als im Sucher angezeigt.

Einteilung ist alles

Man möchte meinen, es könnte nicht so schwierig sein, unser Motiv innerhalb des Bildformats anzuordnen. Und doch, eine kleine Verschiebung nach links oder nach rechts, eine etwas andere Aufteilung – und schon wird entweder ein Bild geboren oder verdorben.

Worauf sollten Sie für den Hausgebrauch besonders achten? Wenn ich an zahllose Amateuraufnahmen denke, so gibt es dafür insbesondere eine Antwort: plazieren Sie jenen Teil des Motivs, den Sie intuitiv als Schwerpunkt empfinden, nicht unbedingt haargenau in der Bildmitte! Denn wie sieht ein typisches Knipsbildchen aus? Die Köpfe der Personen in Bildmitte, oben ein halbes Bild Luft, unten abgeschnittene Büsten. Dieser Effekt ist ganz symptomatisch: sobald Sie Ihre Kamera z. B. einem Fremden in die Hand geben und ihn bitten, doch mal eben schnell ein Bild von Ihnen zu machen, werden Sie später diese Verteilung im Bild finden – es sei denn, Sie hätten mit jenem Fremden aus Versehen einen Gleichgesinnten erwischt, der um diese Dinge wußte.

Selbst wenn Sie das tun, was man schlechthin als formatfüllend Fotografieren bezeichnet, sind Sie gut beraten, eine rein mittige Anordnung Ihrer Motove möglichst zu meiden. Leicht außerhalb der Mitte plaziert, wirkt der Hauptgegenstand des Interesses meist wesentlich harmonischer. Der Goldene Schnitt der alten Meister ist auch für uns vollgültig.

In die Praxis umgesetzt bedeutet dies, daß Sie stets auf jener Seite «Luft» lassen sollten, in die eine Person blickt, in die eine Bewegung gerichtet ist, zu der sich das Motiv öffnet. Eine Person braucht Raum zum atmen, ein sich bewegendes Objekt braucht Raum, in den hinein es seine Bewegung fortsetzen kann.
Diese Exzentrizität gilt auch für den Horizont in unseren Bildern. Nicht unbedingt immer, doch häufig genug läßt sich die Bildwirkung durch eine Verlegung des Horizonts in das untere bzw. obere Drittel des Bildes steigern. Ein Horizont im oberen Bilddrittel betont die Landschaft, den Boden. Umgekehrt drückt ein tiefliegender Horizont die Weite einer Landschaft aus.

Die Sonne

Vielgeschmäht, und doch immer wieder fotografiert, gehört die Sonne zu einem der beliebtesten Motive, das obendrein in Farbaufnahmen seine Wirkung auf den Betrachter kaum verfehlt.

Die großflächige Stimmung eines glühenden Abendhimmels fangen Sie am besten mit einem Weitwinkelobjektiv ein, wozu Sie zusätzlich den Bildhorizont sehr tief legen. Die Automatik der AE-1 brauchen Sie hierzu nicht zu korrigieren, denn eine gewisse Unterbelichtung tut Aufnahmen dieses Genres nur gut. Wirklich dramatisch wirken derartige Aufnahmen allerdings nur, wenn Sie für einen nahen Vordergrund sorgen, der gut mit der Allgemeinstimmung harmoniert und Tiefe simuliert.

Während Weitwinkel- oder Normalobjektive nicht geeignet sind, um die Sonnenscheibe als dominierendes Element ins Bild einzubeziehen, vermögen Teleobjektive hier Erstaunliches. Lediglich dürfen Sie nicht erwarten, mit 135 mm Brennweite bereits das Nonplusultra in den Händen zu haben. Sicher, mit einem solchen Objektiv sind Sie schon ein gutes Stück weiter, doch im

Grunde genommen fängt die Abbildung der Sonne als bestimmendes Bildelement bestenfalls mit 200 mm Brennweite an. Und so richtig im Geschäft sind Sie erst mit vielleicht 400 mm – und allem, was darüber liegt.

Bei längerbrennweitigen Aufnahmen von der Sonnenscheibe bildet ein – durch die lange Aufnahmebrennweite ziemlich weit entfernter – «Vordergrund» einen wirksamen Kontrast. Verfallen Sie jedoch bitte nicht in den Fehler, die Sonne für die Scharfeinstellung als wichtiger zu betrachten und Ihr Objektiv auf Unendlich einzustellen. Der Sonnenscheibe tut es nämlich nichts, wenn sie leicht unscharf wiedergegeben wird, während ein unscharf abgebildeter «ferner Vordergrund» die Bildwirkung empfindlich stört.

Wohldosierte Schärfe

Sie erinnern sich unserer Betrachtungen über die Schärfentiefe, wie sie entsteht und welche Faktoren sie beeinflussen. Für Ihre Aufnahmepraxis wollen wir uns jetzt darüber unterhalten, wie man die Schärfentiefe überlegt einsetzen kann, um die Bildaussage zu fördern.

In den Zeiten des ersten Flirts mit der Fotografie meint man unwillkürlich, Schärfe sei alles, und zwar Schärfe von vorn bin hinten. Im Laufe der Zeit merkt man dann, daß gerade eine gezielte Unschärfe fotografisch viel wirksamer sein kann als die knallharte Scharfabbildung des ganzen Bildfeldes.

Durchgehende Schärfe im ganzen Bild hat ihre Berechtigung dort, wo es darum geht, ein Maximum an Information zu vermitteln. Denn sachliche Information ist nun einmal an klare Erkennbarkeit gebunden. Beispiele für diesen Aufnahmetyp wären somit vielleicht Sach- und Architekturaufnahmen, die Landschaftsfotografie und ähnliches. Einziges Hilfsmittel zur Erzielung großer Schärfentiefe ist und bleibt die Blende. So kann es bei extremen Anforderungen an die Schärfentiefe und weniger günstigem

Licht notwendig werden, die Kamera auf ein Stativ zu stellen, weil man die durch weitgehende Abblendung erforderlichen langen Verschlußzeiten möglicherweise nicht mehr halten kann. Die Kontrolle der Schärfentiefe auf der Mattscheibe oder die Schärfentiefen-Disposition nach der entsprechenden Skala am Objektiv hilft beim Finden einer vermittelnden Einstellebene, die bestmögliche Ausnutzung des Schärfenbereichs garantiert. Über die sogenannte «Nah-Unendlich-Einstellung» hatten wir bereits gesprochen.

Für die allgemeine Fotografie reicht in vielen Fällen auch eine geringere Schärfentiefe aus. Ein unscharfer Zweig im Vordergrund kann die Tiefe sogar noch plastischer ausdrücken als ein scharf abgebildeter. In Farbaufnahmen werden unscharfe Blumen – um ein Beispiel zu nennen – zu Farbtupfern, die bei völliger Auflösung ihrer Form schließlich rein abstrakte Farbakzente setzen.

Umgekehrt kann die Bildschärfe gezielt auf dem Vorder- oder Mittelgrund liegen und die Umgebung nur noch andeutungsweise erkennen lassen – entweder, um sie als störenden Fremdkörper möglichst weitgehend zu neutralisieren, oder aber, um sie schemenhaft in die Bildwirkung einzubeziehen.

Diese bewußt eingesetzte Schärfentiefe bezeichnet man in der Fotografie als **«selektive Schärfe».** In Verbindung mit der AE-1 bedeutet selektive Schärfe keinesfalls, daß Sie ständig die Automatik abschalten müßten, etwa um die Schärfentiefe auf der Mattscheibe zu kontrollieren. Es genügt, wenn Sie bei Ihren Aufnahmen an diese grundsätzlichen Dinge denken. Nach einiger Zeit werden Sie automatisch ein Gefühl dafür bekommen, allein durch welche Maßnahmen Sie in Richtung gezielter Schärfe arbeiten können.

Wieder ein konkretes Beispiel: Sie erinnern sich der Mutti im Frühlingskleid und meiner Feststellung, das Normalobjektiv wäre noch nicht die beste Lösung, um die Person durch geringe Schärfentiefe von der Umgebung zu lösen. Von unseren grund-

Zu den Aufnahmen auf den folgenden vier Seiten:

Menschen in freier Wildbahn. Eine ziemlich respektlose Formulierung, ich weiß. Doch irgendwie charakterisiert sie den Personenschnappschuß recht treffend. Ein Gebiet übrigens, auf dem die AE-1 – möglichst mit Motor – unschlagbar ist! Die vorgewählte Verschlußzeit gibt Ihnen die Gewißheit, daß die Belichtungszeit in jedem Fall kurz genug ist, um die Eigenbewegung Ihres Motivs zu stoppen und – z. B. bei Verwendung einer längeren Brennweite – Verwacklungsunschärfe auszuschalten. Den Rest besorgt die Automatik. Mit dem Motor sind Sie in Sekundenbruchteilen wieder schußbereit, sollte sich blitzschnell eine fotografisch noch interessantere Wendung ergeben. Denn gerade beim ungestellten Personenschnappschuß spielt sich ja meist alles mit ziemlicher Schnelligkeit ab. Je weniger Sie sich hier mit Ihrer Kamera beschäftigen müssen – es bleibt Ihnen bei der AE-1 eigentlich nur noch die Scharfeinstellung – und je mehr Sie sich auf die Situation und die Menschen vor Ihnen konzentrieren können, um so bessere Bildchancen haben Sie.

Die Aufnahme auf der ersten Seite entstand auf diese Weise mit dem Motor an der AE-1 und dem FD 1:1,8/85 mm SSC – mitten aus einem Menschenknäuel heraus. Die etwas längere Objektivbrennweite und eine große Blende tragen dazu bei, den Hintergrund wenigstens so weit in Unschärfe zu tauchen, daß er dieses recht seltsame Beispiel tierischer Koexistenz anläßlich einer Sammlung für den Tierschutzverein in Cambridge einigermaßen für sich allein wirken läßt. Mit voller Schärfe wiedergegeben, würde der Hintergrund das Bild empfindlich stören. Die Situation – die sich um den «Schausteller» drängenden Menschen, das in ständiger Bewegung befindliche Aufnahmeobjekt, die laufende Veränderung der fotografischen Gegebenheiten – bot ein Paradebeispiel für die Vorteile einer modernen automatischen Kamera vom Typ der AE-1.

Weiter auf Seite 109

Das reizende kleine Negermädchen in ihrer anmutigen Pose verdanke ich dem FD 1:2,8/200 mm SSC, wiederum bei ziemlich großer Blende. Mit einem Objektiv kürzerer Brennweite hätte ich die ungezwungene Anmut des Mädchens unweigerlich zerstört, denn ich hätte mich ihm für eine Aufnahme in dieser Größe so weit nähern müssen, daß mir ihre volle Aufmerksamkeit sicher gewesen wäre. So jedoch konnte ich im Hintergrund bleiben. Beachten Sie übrigens die leicht außermittige Anordnung der Person, eine wichtige gestalterische Grundregel: ihr Blick stößt nicht an den Bildrand, es bleibt ihr Luft zum Atmen, und die Aufnahme wirkt harmonischer durch die Drittelung des Raumes.

Auch die obere Aufnahme auf Seite 107 ist ein echter Schnappschuß mit dem FD 1:2,8/200 mm SSC. Nachmittägliche Heimkehr der Fischer an einem senegalesischen Strand. Die Frauen warten auf den Fang. Mit der langen Brennweite pirsche ich mich so nah wie eben möglich heran, um noch unbemerkt – und blitzschnell – «schießen» zu können. Unmittelbar vor mir eine Fischersfrau, die mit angewinkeltem Arm eine Schüssel auf dem Kopf hält. Die große Blende des 200-mm-Objektivs löst diesen «Rahmen» in völlige Unschärfe auf – er wird zur Vignette. Durch ihn hindurch fokussiere ich auf das Gesicht der mit Zöpfen – und Fliegen – geschmückten afrikanischen Schönen.

Die Aufnahme darunter – eine Frau vom Bergstamm der Karen in Nordthailand – erforderte einige «Klimmzüge», denn das Wetter war miserabel und Licht Mangelware. Hier half nur noch das FD 1:1,8/85 mm SSC mit seiner hohen Lichtstärke und trotzdem leicht längerer Brennweite, die sich bei ruhiger Hand auch noch mit 1/60 s halten läßt.

Auf der letzten Seite schließlich wieder das faszinierende Spiel mit dem FD 1:2,8/200 mm SSC bei weit geöffneter Blende, auf sehr kurze Distanz eingestellt. So hebt sich das kleine Nepali-Mädchen, auf einer Mauer hockend, ungemein plastisch gegen den in völlige Unschärfe aufgelösten Hintergrund ab. Noch ein zusätzlicher praktischer Tip: Achten Sie bei Halbprofil-Aufnahmen darauf, daß die Nase nicht über die Backenlinie hinaussteht!

Sämtliche Aufnahmen dieser Seiten: G. Richter.

sätzlichen Betrachtungen her wissen wir, daß die Schärfentiefe bei längerer Brennweite abnimmt. Besitzen Sie also ein Teleobjektiv – und es darf ohne weiteres 200 mm haben! – dann halten Sie damit **das** Werkzeug für wirkungsvolle Porträt-Schnappschüsse in der Hand. Die längere Brennweite fordert von Haus aus eine relativ kurze Verschlußzeit. Die AE-1 sucht sich dadurch automatisch eine große Blende – die Schärfentiefe wird nochmals geringer. Bei genauer Scharfeinstellung auf die Augen Ihres Modells versinkt jetzt die Umgebung in flaumige Unschärfe, und die Person nimmt eine geradezu springende Plastik an. Daß Sie mit einer längeren Brennweite weiter zurücktreten müssen als mit dem Normalobjektiv, ist selbstverständlich. Doch dieses Zurücktreten ist nicht mit jenem in unserem ersten Beispiel identisch. Hier ist es sinnvoll und richtig.

Wenn Sie «nur» ein Objektiv von 135 mm oder vielleicht 85 mm als längste Brennweite besitzen, so ist das kein Beinbruch. Solange Sie auf optische Tuchfühlung gehen und durch überlegte Einstellung der Verschlußzeit für eine möglichst große Blende sorgen, nutzen Sie die selektive Schärfe zur Steigerung der Bildwirkung.

Manipulierte Perspektive

Wer da meint, ein Objektiv liefere unbedingt ein «objektives» Abbild der Wirklichkeit, nur weil es so heißt, erliegt einem Trugschluß. Die Vielfalt der Canon-FD- und FL-Objektive ist so groß, daß es in unserer Hand liegt, die Perspektive bis zur Unkenntlichkeit zu manipulieren. Der Schlüssel dazu ist ein Wechsel der Brennweite in Verbindung mit einem Wechsel des Standpunkts.

Der springende Punkt hierbei ist die Veränderung des Standpunkts. Solange wir von ein und demselben Ort mit verschiedenen Brennweiten fotografieren, bleibt die Perspektive absolut unverändert. Was sich ändert, ist lediglich der Bildausschnitt. Erst wenn wir ein und dasselbe Objekt mit verschiedenen Brennweiten stets gleichgroß abbilden – wozu wir den Aufnahmeabstand unter Umständen beträchtlich verändern müssen – ergibt sich eine eindeutig andere Perspektive. Eine kurz vor – sagen wir – einem Denkmal aufgebaute AE-1 mit Weitwinkelobjektiv schafft eine große räumliche Tiefe zwischen dem Denkmal im Vordergrund und einer Häuserreihe im Hintergrund. Bestücken wir die AE-1 mit einem langbrennweitigen Objektiv und rücken sie so weit nach hinten, daß das Denkmal abermals in gleicher Größe abgebildet wird, scheint die Trennung von Denkmal und Häuserreihe im Hintergrund optisch aufgehoben: Vordergrund und Hintergrund rücken aufeinander. Trotz gleichgroßer Abbildung des Hauptmotivs ergibt sich eine völlig veränderte Perspektive. Dieses Spiel läßt sich mit den Objektiven zur Canon AE-1 in den vielfältigsten Variationen treiben. Es läßt uns Möglichkeiten des persönlichen Ausdrucks, der individuellen Bildaussage, bis hin zur völligen Verfremdung eines an sich «objektiven» Tatbestands.

Wider die Monotonie!

Haben Sie schon einmal darauf geachtet, wie «stur» eigentlich im Durchschnitt fotografiert wird? Die Körpergröße des Fotografen ist der Maßstab. Aus der Höhe seiner Augen sieht er die Welt – basta! Warum sollte sie die Kamera anders sehen?

Diese Monotonie kann in der Fotografie nervtötend werden. Stets ein und derselbe Blickwinkel. Fotografieren Sie gar Kinder oder anderes «Kleinzeug» mit dem Normalobjektiv aus dieser Sicht, produzieren Sie eine Vogelperspektive nach der anderen.

Als aufgeklärter Foto-Amateur brauchen Sie sich um das mögliche Unverständnis Ihrer Mitmenschen nicht zu kümmern: gehen Sie runter in die Kniebeuge, legen Sie sich auf den Bauch oder klettern Sie meinetwegen auf einen Baum! Aber tun Sie etwas, damit diese stumpfsinnige Permanentfotografie aus Augenhöhe aufhört! Ihr bildwirksamer Vordergrund können Gräser sein, die Sie nur aus der Kniebeuge vor die atemberaubende Landschaft bringen. Ein von schräg unten mit langer Brennweite gegen den Himmel geschossenes Porträt sichert Ihnen in jedem Fall einen ruhigen Hintergrund. Ein kühner Blick, steil von oben, bringt Abwechslung, findet Beachtung.

Stürzende Linien

Eine beliebte «Notlösung» mancher Fotografierender ist es, die Kamera einfach je nach Bedarf nach oben zu neigen, wenn sich der obere Teil eines Gebäudes anders nicht aufs Bild bringen läßt. Ergebnis: eine merkliche Verjüngung von in der Natur parallelen Formen, die sogenannten stürzenden Linien. Das Gebäude scheint buchstäblich nach hinten umzufallen.

Dieser Effekt ist natürlich, denn sobald wir unsere AE-1 mit ihrem starren Objektiv nach oben neigen, entsteht ein beträchtlicher Entfernungsunterschied zwischen der Kamera und den untersten bzw. obersten Teilen des Gebäudes. Aus der Erfahrung wissen wir, daß weiter entfernte Gegenstände sowohl unserem Auge als auch der Kamera kleiner erscheinen als näherliegende. So werden diese stürzenden Linien vom Auge auch absolut richtig als solche erkannt und dem Gehirn gemeldet. Nur überlagert sich hier unsere Gewöhnung an das räumliche Sehen, die uns die krasse Verjüngung etwas vergessen läßt. In der Fotografie jedoch fehlt die dritte Dimension, und plötzlich werden uns die stürzenden Linien bei der Betrachtung des Bildes voll bewußt und erwecken den Eindruck des Unnatürlichen.

Abhilfe? Am einfachsten ist es natürlich, die Kamera stets brav waagerecht zu halten, so daß die höchsten und tiefsten Punkte des Aufnahmegegenstandes gleich weit von der Filmebene entfernt sind. In der Praxis stellt sich jedoch sehr bald heraus, daß wir damit durchaus nicht immer zum Ziel kommen, denn hohe Objekte lassen sich auf diese Weise kaum abbilden. Also greifen wir vielleicht zu einem Objektiv kurzer oder kürzester Brennweite. Doch auch hier ist die Freude nicht ungetrübt. Zwar erfassen wir nun einen wesentlich größeren Bereich nach oben – doch ebenso nach unten. Und gerade diesem riesigen Vordergrund in der unteren Bildhälfte galt unser Interesse eigentlich überhaupt nicht. Würden wir eine Kamera mit kurzbrennweitigem Objektiv auch nur geringfügig neigen, steigerten sich die stürzenden Linien schnell bis ins Unerträgliche. Also heißt es hier, einen so hohen Standpunkt einzunehmen, daß wir uns etwa auf mittlerer Höhe des aufzunehmenden Objekts befinden. Manchmal wird das z. B. von einem gegenüberliegenden Gebäude aus möglich sein. In anderen jedoch bringt uns auch dieser Trick nicht weiter.

Bliebe für Weitwinkelaufnahmen nur noch die Ausweichlösung, den an sich verschenkten leeren Raum in der unteren Bildhälfte durch einen interessanten Vordergrund aufzuwerten, der darüber hinaus zusätzliche optische Tiefe schaffen kann. Dieser Weg ist in der Mehrzahl der Fälle durchaus praktikabel. Einige wenige Schritte zur Seite genügen oft, einen solchen akzeptablen Vordergrund zu finden, der meist den direkten Unterschied zwischen einer gelungenen Aufnahme und einem Ausschußbild ausmacht.

Sofern Sie genügend Rückenfreiheit besitzen, können Sie allerdings auch das genaue Gegenteil tun: verwenden Sie eine längere Brennweite aus größerem Abstand. Jetzt dürfen Sie die Kamera ungestraft in gewissen Grenzen nach oben neigen. Durch den wesentlich engeren Bildwinkel wirkt sich die Kameraneigung – je nach Brennweite – viel weniger auf die Bildebene aus. Unser Auge toleriert die verbleibende Restneigung weitgehend.

Doch stürzende Linien bieten nicht nur Schrecken. Gelegentlich können Sie wesentliches Gestaltungselement sein. Dies gilt wohl vor allem, wenn es sich um extreme Neigungen oder die Beschränkung auf Teile z. B. eines Bauwerks handelt. Denken wir zum Beispiel an Wolkenkratzer, die sich überhaupt nur mit steil nach oben gerichteter Kamera abbilden lassen. Hier führt krasse Übertreibung des Verjüngungseffekts zur klaren Differenzierung. Eine solche Aufnahme soll schließlich keine normale Perspektive einfangen, sondern extreme Verhältnisse. Dieser Extremfall wird von unserem Auge auch in der zweidimensionalen Darstellung erkannt und akzeptiert.

Für all das Obengesagte gibt es nur eine einzige Ausnahme: ein Canon-Spezialobjektiv, das bisher in der Kleinbildfotografie einmalig ist, das TS 1:2,8/35 mm SSC, das Sie auf Seite 232 beschrieben finden.

Bewegung im Bild

Zwei Extreme gibt es, vor die uns Bewegung im Bild stellt: in einem Fall kann uns daran gelegen sein, sie durch eine möglichst kurze Verschlußzeit zum Stehen zu bringen, sozusagen einzufrieren; im anderen mag es uns vorteilhafter erscheinen, gerade eine gewisse Unschärfe dazu zu benutzen, Bewegung plastischer darzustellen.

Wieder ist es Ansichtssache und eine Frage der Ästhetik, welche von beiden Ausdrucksformen man vorzieht. Einige konkrete Fälle gibt es jedoch, in denen Ihnen keine Alternative bleibt, wenn Sie eine gelungene Darstellung erzielen wollen. Ich denke dabei an Wasser.

Fotografieren Sie nämlich einen rauschenden Wildbach oder Wasserfall mit $^1/_{500}$ s, so fällt es Ihnen anschließend schwer, das durch die kurze Belichtung zu Gestein erstarrte Wasser wiederzuerkennen. Gleiches gilt für Aufnahmen von einer größeren Wasserfläche, z. B. dem Meer. Hier meinen Sie, ohne Schwierigkeit auf der erstarrten Wasserfläche laufen zu können. Merken Sie sich deshalb bitte, daß eine auch für unser Auge nur als fließend wahrnehmbare Bewegung so lange belichtet werden muß, daß sie in unserer Aufnahme gleichermaßen fließt. Für einen Wasserfall sind Sie mit einer Verschlußzeit von etwa $^1/_{30}$ s besser beraten. Etwas kürzer darf die Verschlußzeit bei Meeresaufnahmen sein, $^1/_{125}$ s sollten sie jedoch auch hier nach Möglichkeit nicht überschreiten.
Lediglich bei Brandungs- und Wellenaufnahmen führt eine kurze Belichtung nicht zur Verfremdung.

Mehr als Spielerei: der Selbstauslöser

Er steht in Deutschland im allgemeinen nicht so hoch im Kurs wie z. B. in Japan. Trotzdem sollten Sie im Selbstauslöser mehr sehen als nur die Möglichkeit, mit ins Bild zu kommen. Sobald es nämlich einmal darauf ankommt, die Kamera möglichst erschütterungsfrei auszulösen, erweist sich der Selbstauslöser als echter Helfer in der Not. Dieser Fall tritt oft schneller ein, als man gemeinhin vermutet. Die Sonne will untergehen, die Verschlußzeit wird immer länger. Und schon ist der Punkt erreicht, wo Sie mit einer Aufnahme aus der Hand allein kein zufriedenstellendes Ergebnis mehr erzielen können. Ein Stativ haben Sie jedoch mit ziemlicher Wahrscheinlichkeit nicht zur Hand. Was also tun?

Schon manche Aufnahme ließ sich in einer solchen Situation dadurch retten, daß man sich ein festes Objekt zum Abstützen suchte – einen Baum vielleicht, eine Säule, eine Wand, ein Geländer. Wenn man darüber hinaus noch eine Fläche findet, an die man eine Kante der Kamera so anlegen kann, daß wenigstens diese Flanke mit Sicherheit ruhigsteht, lassen sich mit Selbstauslöser – je nach Brennweite – selbst noch Aufnahmen mit $^1/_4$ s oder $^1/_2$ s durchaus zufriedenstellend meistern.

Ideal ist natürlich stets eine direkte Unterstützung für die Kamera, sei es ein Tisch oder irgendeine andere Auflage. Muß die AE-1 nicht zusätzlich durch die Hand stabilisiert werden, so kommt eine Aufnahme von einer derartigen Unterlage, mit dem Selbstauslöser ausgelöst, fast einer Stativaufnahme gleich.

Natürlich ist der Selbstauslöser in der AE-1 elektronisch, wie könnte es anders sein. Es wird also kein mechanisches «Vorlaufwerk» eingeschaltet, um den Beginn des Verschlußablaufs nach der Auslösung zu verzögern. Die Elektronik der AE-1 wirkt im Stillen, Verborgenen.

Derselbe Hebel, der leicht nach hinten geschwenkt den Auslöser verriegelt, bereitet nach vorn geschwenkt die Kamera für eine Aufnahme mit Selbstauslöser vor. Gleichzeitig gibt er dabei eine kleine Leuchtdiode frei, die während der Vorlaufzeit blinkt.

Zum Einschalten des Selbstauslösers schwenken Sie seinen Hebel nach vorn. Sobald Sie jetzt den Kamera-Auslöser drücken, beginnt der «Countdown» – vorausgesetzt, Sie haben den Verschluß gespannt. Bis zum Verschlußablauf leuchtet eine kleine rote Lampe in Abständen von $1/2$ s – also insgesamt 20 mal für die Vorlaufzeit von 10 Sekunden – auf. Diese Lampe ist auch von vorn sichtbar, so daß Sie das Arbeiten des Selbstauslösers selbst dann kontrollieren können, wenn Sie als «Opfer» vor der Kamera stehen.

Ein Vorteil des elektronischen Selbstauslösers ist die Möglichkeit, die Auslösung jederzeit rückgängig zu machen. Hierzu genügt ein Druck auf den Batterieprüfknopf auf der linken Oberseite der Kamera. Anschließend müssen Sie natürlich den Selbstauslöserhebel in seine Grundstellung zurückschwenken, denn sonst würde die Vorlaufzeit von 10 s mit jeder weiteren Betätigung des Auslösers von neuem beginnen.

Sollten Sie den Selbstauslöserhebel in seine Grundstellung zurückschwenken, während die Vorlaufzeit noch nicht abgelaufen ist, die Leuchtdiode also noch blinkt, so erfolgt die Auslösung des Verschlusses, sobald sich der Hebel der Kameravorderseite bis auf etwa 45° genähert hat. Dies wird gelegentlich als Möglichkeit zur Meßwertspeicherung empfohlen, da die Kamera die Belichtung in jenem Augenblick mißt, in dem Sie den Auslöser drücken. Alles, was danach geschieht, hat auf die Belichtung keinen Einfluß mehr. Wenn Sie folglich den Ausschnitt innerhalb der 10 s Vorlaufzeit ändern, erzielen Sie den gleichen Effekt wie mit einer getrennten Taste zur Meßwertspeicherung, wie sie z. B. an der Canon EF vorhanden ist. Ich persönlich halte von dieser Möglichkeit nicht sehr viel, denn ich möchte z. B. nach einer Nahmessung nicht gezwungen sein, innerhalb von 10 s zum eigentlichen Aufnahmestandort zurückzusausen und den Selbstauslöserhebel einzuschwenken, auf daß die Belichtung mit dem endgültig gewünschten Ausschnitt erfolge. Einfacher erscheint mir in einem solchen Fall die simple Handeinstellung der ermittelten Blende, wonach ich ohne Zeitdruck den endgültigen Bildausschnitt wählen kann. Schließlich ist die Handeinstellung der Blende keine Affäre, über die man viele Worte verlieren müßte.

Theoretisch ist es natürlich auch möglich, bei Verwendung des Motors einen Drahtauslöser einzuschrauben, den Selbstauslöserhebel vorzuschwenken und den Drahtauslöser festzustellen. Nun wird der Verschluß in regelmäßigen Abständen von 10 s ausgelöst. Mit anderen Worten, Sie erhalten eine Art Steuergerät. Die Beantwortung der Frage, ob diese etwas weithergeholte Möglichkeit für Sie irgendeinen praktischen Sinn besitzt, möchte ich Ihnen überlassen – womit Sie gleichzeitig meine Meinung kennen.

Ein Punkt allerdings ist von Wichtigkeit, der im Zusammenhang mit der Meßwertspeicherung bereits erwähnt wurde: sobald Sie bei eingeschaltetem Selbstauslöser auf den Kamera-Auslöser drücken, erfolgt die Belichtungsmessung und -einstellung. Damit hier nichts schiefgeht, sind zwei Maßnahmen erforderlich:

1. Beim Druck auf den Auslöser muß das Blickfeld der Kamera etwa der für die Aufnahme zugrundezulegenden Helligkeitsverteilung entsprechen. Sollten Sie sich in diesem Augenblick direkt vor die Kamera stellen, so würde die AE-1 voller Entsetzen über die plötzliche «Sonnenfinsternis» die Blende aufreißen, soweit es eben geht – und eine saftige Überbelichtung wäre Ihnen sicher.

2. Befindet sich Ihr Auge bei Betätigung des Selbstauslösers nicht am Sucherokular, würde Fremdlicht auf diesem Wege eindringen und die Belichtungsmessung verfälschen. Um dies zu verhindern, empfiehlt Canon, den kleinen Kunststoff-Schieber aus dem Zubehörschuh auf das Okular zu stecken. Mein Rat: vergessen Sie den Kunststoff-Schieber – verlieren Sie ihn meinetwegen! Im Zubehörschuh besitzt er praktisch keine Funktion, und zum Aufschieben auf das Sucherokular müßten Sie erst die Augenmuschel abnehmen und anschließend wieder mühselig hinauffingern. Machen Sie sich das Leben leichter: decken Sie die Augenmuschel im Moment der Auslösung ganz einfach mit der Hand ab!

Stativaufnahmen

Ein Stativ ist eine feine Sache – wenn es nur nicht so umständlich wäre! Trotzdem, für gewisse Dinge ist es unentbehrlich. Für Nahaufnahmen mit einem Balgeneinstellgerät zum Beispiel kommt man ohne ein Stativ nicht aus.

In den Canon-Unterlagen werden Sie teilweise noch ein Kuriosum finden, das dort die Bezeichnung «Stativ-Adapter A» trägt. Die ihm zugeschriebene Zweckbestimmung ist schlichtweg Unsinn und die Folge davon, daß die Japaner wieder einmal das Gegenteil von dem schrieben, was sie meinten. Es hat mich einiges Bohren direkt an der Quelle in Tokio gekostet, herauszufinden, wozu diese einfache Gummi-Unterlage gut sein soll.

Je nach Stativtyp kann es bei Verwendung von Objektiven großen Durchmessers passieren, daß der Entfernungsring sehr nah am Stativkopf sitzt und die Einstellung gar nicht oder nur schwer möglich ist. Wenn Sie in diesem Fall die Gummi-Scheibe zwischen Stativkopf und Kamera legen, wird der Abstand vergrößert – und der Entfernungsring wieder frei drehbar. Wie einfach könnte das Leben sein, wenn wir alle japanisch dächten!

Daß Sie bei Aufnahmen vom Stativ einen Drahtauslöser in die Gewindebuchse des Kamera-Auslösers schrauben, dürfte selbstverständlich sein. Notfalls hilft Ihnen – wie bereits erwähnt – der Selbstauslöser zur erschütterungsfreien Auslösung der AE-1. Das Verschlußzeitenrad besitzt für Zeitaufnahmen – das heißt Belichtungen, die über die einstellbare längste Verschlußzeit von 2 s hinausgehen – die Einstellung «B». In dieser Stellung bleibt der Verschluß geöffnet, solange Sie den Auslöser (bzw. Drahtauslöser) gedrückt halten. Damit ist theoretisch jede beliebige Belichtungszeit möglich. Es versteht sich, daß die Automatik in diesem Augenblick nicht mehr arbeiten kann und die Blende von Hand eingestellt werden muß.

Bedenken Sie bitte, daß Zeitaufnahmen erhöhten Stromverbrauch bedeuten! Eine bereits unter Altersschwäche leidende Batterie ist deshalb hierfür besonders ungeeignet. Gegebenenfalls empfiehlt sich eine häufigere Prüfung der Batterie.

Nachtaufnahmen

Die besten Nachtaufnahmen machen Sie in der Dämmerung, wenn der Himmel gerade noch hell genug ist, ein bißchen nachzuhelfen und den letzten Schimmer von Konturen zu zeigen, die mit voll einbrechender Dunkelheit unwiderruflich verschwinden. Diese Zeitspanne ist sehr kurz und flottes Arbeiten unerläßlich.

Fotografieren Sie mit Farbfilm, so brauchen Sie ob des eingelegten Tageslichtfilms auch bei Kunstlichtquellen im Bild keine Bedenken zu haben. Kunstlicht gibt auf Tageslichtfilm einen warmen, bräunlichen Ton, der Nachtaufnahmen recht gut steht. Besonders wirkungsvoll sind Nachtaufnahmen, wenn es kurz vorher geregnet hat und sich die Lichter auf der regennassen Straße spiegeln. Dadurch werden sonst weitgehend tote Flächen fotografisch aktiviert.

Für ausgedehntere Nacht- oder Dämmerungsaufnahmen würde ich Ihnen zu einem Versuch mit einem der hochempfindlichen Filme wie Ektachrome High Speed, Agfachrome 50 S oder 50 L raten, die sich auf 27 DIN entwickeln lassen. Damit erweitern Sie Ihre Aufnahmemöglichkeiten um ein beträchtliches. Ideal ist hierfür natürlich ein zweites Kameragehäuse, das man ständig mit hochempfindlichem Film geladen lassen kann.

Schließlich noch ein Tip für Feuerwerksaufnahmen. Stellen Sie Ihre AE-1 hierzu auf ein Stativ und den Verschluß auf «B». Die Blende stellen Sie von Hand nach der Empfindlichkeit des verwendeten Films ein:

DIN	15	18	21	24	27
Blende	5,6	8	11	16	22

Mit einem Drahtauslöser halten Sie den Verschluß dann solange offen, bis Sie einige wirkungsvolle Garben im Bild haben.

Nahaufnahmen

Es lohnt sich, einmal darüber nachzudenken, wie blind wir eigentlich sind – blind gegenüber so vielen Details in unserer Umgebung, von denen zahllose von bestechender Schönheit sind. Natürlich enthält diese «Blindheit» auch eine gewisse Schutzfunktion: wir müssen aus der unglaublichen Fülle von Informationen, die in unserer täglichen Umgebung auf uns einstürzen, ein gewisses Minimum herausfiltern, das wir für unser Leben brauchen und noch verarbeiten können. Denn alle diese Einzelheiten gleichzeitig aufzunehmen übersteigt unsere physischen Möglichkeiten.

Als Fotografen jedoch haben wir das gute Recht, uns direkt mit der Welt im Kleinen auseinanderzusetzen, denn hier ist es ja ein ganz gezieltes Unterfangen, für das ein schützendes «Sieb» keine Gültigkeit mehr besitzt. Als Lohn für unsere Tätigkeit winkt uns nicht nur die eigene Befriedigung über gelungene Aufnahmen und die Freude an kleinen Dingen, sondern ebenso das staunende Erwachen unserer Mitmenschen angesichts der Schönheit und Ästhetik dieser Dinge. Ob wir uns dabei der Pflanzenwelt, den Kleinlebewesen, der Technik oder der Handwerkskunst zuwenden, ist völlig belanglos. In praktisch allen Bereichen finden sich genügend Beispiele für die fotografische Wirksamkeit des kleinen Ausschnitts.

Lassen Sie uns in bewährter Weise zunächst wieder versuchen, die Zusammenhänge zu verstehen. Normalerweise bilden wir alles in ziemlich starker Verkleinerung auf dem Film ab. Je mehr wir uns mit der Kamera einem Objekt nähern, um so größer wird sein Abbild auf dem Film. Zur Scharfeinstellung auf nahe Objekte müssen wir das optische System unseres Objektivs mit Hilfe des Entfernungsrings immer weiter von der Filmebene wegrücken: wir müssen den sogenannten Auszug verlängern. Wenn Sie sich Ihr Normalobjektiv anschauen, können Sie diesen Effekt leicht beobachten. Das Objektiv wird bei Einstellung auf kürzere Entfernungen buchstäblich nach vorn «ausgefahren». Je länger übrigens die Brennweite, um so stärker wird die erforderliche Verschiebung, und um so deutlicher zu beobachten ist die Auszugsverlängerung. Dieser Effekt erklärt auch, warum Objektive kurzer Brennweite, also Weitwinkelobjektive, aus rein konstruktiven Gründen bis auf wesentlich kürzere Abstände fokussierbar sind als Normalobjektive oder – im Extremfall – Teleobjektive. Bei Teleobjektiven wird es immer schwieriger, relativ kurze Einstellentfernungen zu erreichen.

Nun ist zunächst aus konstruktiven Gründen irgendwo eine praktische Grenze für die Einstellfassung eines normalen Objektivs, denn man möchte es schließlich nicht durch einen überlangen Schneckengang zu unförmig, schwer und aufwendig machen. Beim Normalobjektiv 1 : 1,8/50 mm für die AE-1 hat man sich aus Gründen der Kompaktheit für eine kürzeste Einstellentfernung von 60 cm entschieden; das FD 1 : 1,4/50 mm SSC reicht hinab bis zu etwa 45 cm. Bei runden 50 cm Einstellentfernung bilden Sie eine Fläche ab, die etwa dem DIN-A4-Format entspricht.

Mit Ausnahme von Reproduktionen ist ein Objektfeld des Formates DIN A 4 wahrscheinlich noch nicht das, was Sie sich unter Nahaufnahmen vorstellen. Und doch sollten wir den Gedankengang noch etwas fortsetzen. Verwenden Sie in Ihrer AE-1 Negativfilm und vergrößern Ihr Negativ anschließend auf das gängige Format 18 cm × 24 cm, so halten Sie das Ausgangsformat DIN A 4 schon fast wieder in natürlicher Größe in den Händen! Fotografieren Sie gar auf Umkehrfilm und projizieren Ihr Diapositiv auf eine Leinwand, ist die echte Vergrößerung bereits ein Vielfaches des Ausgangsformats.

Ich wollte Sie mit diesen Beispielen daran erinnern, daß wir in unseren Überlegungen eigentlich nicht unbedingt stets vom relativ kleinen Aufnahmeformat 24 mm x 36 mm ausgehen sollten. Denn letztlich verwenden wir unsere Negative oder Diapositive nicht in dieser Größe, sondern es erfolgt in jedem Fall eine Nachvergrößerung. Wenn Sie Ihr Objekt im Maßstab 1 : 1 auf den Film bannen, dann ist selbst die geringste Nachvergrößerung bereits wesentlich mehr – auf der Leinwand gar ergibt sich eine Riesenvergrößerung. Wie Sie sehen, sind große Maßstäbe bei der Aufnahme gar nicht so unerläßlich – oder auch nur sinnvoll. Mit zunehmend größerer Abbildung auf dem Film wächst nämlich das Maß der Abstraktion: unser Auge findet immer weniger Anhaltspunkte zur Einordnung des Gesehenen in die Welt des Bekannten, Großen. Und sehr bald ist der Moment erreicht, in dem eine vergrößernde Aufnahme nur noch dem Fachmann Informationen vermitteln kann, den Laien jedoch bestenfalls durch Formen, Farben oder ähnliche Effekte ansprechen wird.

Wenn immer es um Nahaufnahmen geht, fällt der Begriff des **Abbildungsmaßstabs.** Für den Neuling auf diesem Gebiet mag er anfänglich schwer einzuordnen sein. Deshalb hier folgende Eselsbrücke: Wenn Sie ein Objekt im Maßstab 1 : 5 fotografieren, genügt allein die Schreibung mit Bruchstrich, um Ihnen klarzumachen, daß Ihr Aufnahmegegenstand mit 1/5 seiner natürlichen Größe auf dem Film abgebildet wird. Der Maßstab 1 : 2 entspricht somit der Abbildung in halber natürlicher Größe; ein Maßstab 2 : 1 wiederum kommt einer zweifachen Vergrößerung des Aufnahmegegenstands auf dem Film gleich.

Das Instrumentarium der Nahaufnahme

Wie wir gesehen haben, müssen es nicht um jeden Preis Riesenvergrößerungen sein, die wir mit unseren Nahaufnahmen im Endeffekt erzielen. Diese Erkenntnis kann eine Menge Geld sparen, denn unter Umständen kommen Sie mit verhältnismäßig einfachen Mitteln zum Ziel. Allem voran ein Tip, der Ihr Repertoire um sehr wirkungsvolle Bilder bereichern kann, die einen der Nahaufnahme ähnlichen Charakter haben: Sofern Sie ein langbrennweitiges Objektiv besitzen, wie zum Beispiel das FD 1 : 2,8/200 mm SSC mit seiner kürzesten Einstellentfernung von 1,8 m, sollten Sie dieses bevorzugt für Großaufnahmen einsetzen. Zwar entspricht in dieser Einstellung die Größe des erfaßten Bildfeldes etwa jenem, das Sie auch mit dem Normalobjektiv 1 : 1,4/50 mm in kürzester Einstellentfernung von 45 cm abbilden können, doch ist die Wirkung eine völlig andere. Durch die längere Brennweite ergibt sich ein so plastischer Bildeindruck, daß Sie subjektiv eine wesentlich stärker vergrößerte Nahaufnahme vor sich zu haben glauben. So eignet sich dieses Objektiv vorzüglich für Blumenaufnahmen, um nur ein Beispiel zu nennen. Doch auch das FD 1:2,5/135 mm schafft bereits einen deutlichen Unterschied zu Aufnahmen mit kürzerer Brennweite, selbst wenn hier die Einstellverhältnisse nicht ganz so günstig sind wie beim FD 1:2,8/200 mm. Wenn Sie eines dieser Objektive besitzen, dann sollten Sie einmal ganz gezielt diese Art der Nahaufnahme ausprobieren. Die Ergebnisse werden Sie überraschen.

Der erste echte Schritt in das Gebiet der Nahaufnahme heißt **Nahlinse.** Mit diesem außerordentlich praktischem Zubehör setzen wir unserem Aufnahmeobjektiv gewissermaßen eine Brille auf. Nahlinsen sind in den Durchmessern 55 mm und 58 mm für FD-Objektive erhältlich. Es gibt sie in der Ausführung 240 und 450. Die beiden Zahlen stehen für den kürzesten Aufnahmeabstand in Millimeter bei Unendlich-Einstellung des Objektivs. Mit einer Nahlinse 240 beträgt das kleinste Objektfeld in Verbindung mit dem FD 1:1,4/50 mm SSC nur noch 68 mm × 103 mm.

Nahlinsen werden wie ein Filter in das Objektivgewinde eingeschraubt. Ihr großer Vorteil besteht darin, daß sie die Objektivbrennweite verkürzen, ohne den Auszug zu verlängern, wie dies normalerweise zur Erzielung einer größeren Abbildung auf dem Film notwendig ist. Das Grundobjektiv bleibt somit als Funktionseinheit völlig unverändert. Mit anderen Worten, Springblenden-

Die beiden hochkorrigierten Vorsatz-Achromate des Durchmessers 55 mm.

kupplung und Offenblendenmessung sowie Belichtungsautomatik bleiben voll erhalten.

Die Nahlinsen des gebräuchlicheren Durchmessers 55 mm sind sogenannte Vorsatz-Achromate, das heißt, es sind keine «einfachen» Vorsatzlinsen, sondern besonders korrigierte zweilinsige Systeme, die die Abbildungsleistung des Objektivs im Nahbereich verbessern. Denn eines dürfen wir nicht vergessen: für den extremen Nahbereich sind unsere Objektive normalerweise nicht gebaut. Entsprechend den üblichen Aufnahmeabständen in der normalen Fotografie sind sie für unendliche Aufnahmeabstände korrigiert. Wenn wir diese Voraussetzungen völlig außer acht lassen und plötzlich durch weitgehende Annäherung an den Aufnahmegegenstand völlig veränderte Verhältnisse schaffen, müssen wir folglich mit einer Einbuße an Leistung rechnen. Dies ist ein optisches Gesetz, dem die Objektive aller Hersteller unterliegen. Lediglich sogenannte Makro-Objektive bilden hier eine gewisse Ausnahme, denn sie sind – wie ihr Name schon sagt – unter besonderer Berücksichtigung des Nahbereiches korrigiert.

Während eine Nahlinse ohne achromatische Korrektion kräftige Abblendung erfordert, um scharfe Wiedergabe über das gesamte Bildfeld sicherzustellen, bleiben Vorsatz-Achromate des Durchmessers 55 mm auch bei größeren Öffnungen voll einsetzbar.

Allen Nahlinsen gemein ist die völlige Erhaltung der Objektivlichtstärke. Dieser Punkt ist von beträchtlicher Bedeutung, denn sobald wir den Objektivauszug verlängern, muß das Licht einen größeren Weg innerhalb der Kamera zurücklegen und verliert damit an Intensität. So wird bei Zwischenschaltung auszugsverlängernden Zubehörs zwischen Objektiv und Kameragehäuse aus der auf dem Objektiv gravierten Blende 4 schnell eine wirksame Blende 5,6 oder gar 8 – ein Nachteil, der Nahlinsen völlig kalt läßt.

Selbstverständlich lassen sich Nahlinsen nicht nur mit dem Normalobjektiv verwenden, sondern auch mit Objektiven längerer Brennweite. Gerade in Verbindung mit diesen werden sie zu besonders reizvollen Hilfsmitteln, die sich obendrein durch problemlose Verwendung und nur minimale Mehrbelastung in bezug auf Gewicht und Volumen auszeichnen. Solange Sie die Nahfotografie nur nebenbei betreiben, erscheint mir eine, gegebenenfalls zwei Nahlinsen als ideale Ergänzung Ihrer Ausrüstung. Dies gilt um so mehr, als die AE-1 eine automatische Kamera ist, bei der die Erhaltung sämtlicher Kamera- und Steuerungsfunktionen, wie sie bei Verwendung einer Nahlinse gegeben ist, besonderes Gewicht besitzt.

Eine zweite, relativ einfache und preiswerte Möglichkeit ist natürlich durch die Auswechselbarkeit der Objektive Ihrer AE-1 gegeben: sobald Sie den Auszug durch einfache **Zwischenringe** verlängern, können Sie immer näher an Ihr Aufnahmeobjekt herangehen. Canon bietet hierfür den Zwischenringsatz M an, der aus zwei Ringen 20 mm, einem Ring 10 mm und einem weiteren 5 mm besteht. Durch verschiedene Kombination dieser Ringe läßt sich eine sehr unterschiedliche Auszugsverlängerung erzielen, so daß Sie die Abbildungsgröße weitgehend auf die Größe des Aufnahmegegenstands abstimmen können. Verwenden Sie z. B. ein Normalobjektiv 50 mm, so läßt sich mit zwei Ringen 20 mm und einem Ring 10 mm eine Abbildung in natürlicher Größe erzielen. (Für die Abbildung in natürlicher Größe muß die Auszugsverlängerung jeweils der Objektivbrennweite entsprechen.)

Der Zwischenringsatz M enthält Zwischenringe drei verschiedener Längen.

Zu den Aufnahmen auf den folgenden vier Seiten:

Die Sonne. Fallen auch Sie immer wieder auf sie herein? Wollen Sie ihre Scheibe allerdings wenigstens so groß abbilden, wie auf dem nebenstehenden Beispiel, dann müssen Sie schon einiges an Brennweite auf die Beine stellen: hier war es das FD 1:4,5/ 400 mm SSC. Die AE-1 wurde dabei auf Automatik belassen, denn die Sonnenscheibe war anteilmäßig nicht mehr prominent und hell genug, um zu einer unangenehmen Unterbelichtung zu führen. Wichtig bei derartigen Aufnahmen ist natürlich stets der «Vordergrund», der sich bei einer so langen Brennweite schon sehr weit weg befinden muß, um noch als solcher zu wirken. Erfahrungsgemäß bereitet es meist beträchtliche Schwierigkeiten, einen so weit entfernten, freistehenden «Vordergrund» gerade an der richtigen Stelle aufzutreiben. Denn mit einer «langen Tüte» einfach in die Sonne hineinzufotografieren, ist ja nun wirklich keine Kunst!

Mit Seite 130 wenden wir uns etwas näherliegenden Dingen zu. Der Rohrkolben wurde mit dem Makro-Objektiv 1:4/100 mm SC an der AE-1 aufgenommen. Bestechend an diesem Objektiv, wie es den gesamten Bereich vom Unendlichen bis zur Abbildung in halber natürlicher Größe mit einer Drehung am Entfernungsring überbrückt – und dann mit dieser Leistung! So bewährt es sich zum einen als leichtes Teleobjektiv für den «Hausgebrauch», solange keine besonders hohe Lichtstärke erforderlich ist, zum anderen jedoch erschließt es alles, was im vielleicht interessantesten Nahbereich liegt – dort nämlich, wo noch nicht so winzig kleine Details herausgepickt werden, daß ein Verfremdungseffekt eintritt und wir Schwierigkeiten bekommen, die abgebildeten Details in das uns Bekannte einzuordnen. Natürlich können Sie mit dem gleichen Objektiv und seinem 1:1-Adapter auch bis auf natürliche Größe «rangehen». Sehr ansprechend in unserem Beispiel wiederum der in weiche, nicht mehr störende Strukturen aufgelöste Hintergrund. Das Blatt rechts verbessert die Raumeinteilung und schafft eine belebende Diagonale. – Auch die Blume auf Seite 131 unten wurde mit dem Makro-Objektiv FD 100 mm aufgenommen.

Weiter auf Seite 133

Der Christstern auf Seite 131 oben demonstriert eine Möglichkeit, auf die ich Sie bereits im Buchtext hingewiesen habe: relative Nahaufnahmen mit langbrennweitigen Objektiven. Hier diente mir das FD 1:4/200 mm SSC dazu, diesen recht hoch plazierten und für eine direkte Nahaufnahme gar nicht zugänglichen Blütenstern formatfüllend zu erfassen. Das ruhige Blau des Himmels kontrastiert vorteilhaft mit dem kräftigen Rot der Blüte und schafft gleichzeitig einen ausgewogenen Hintergrund. Dieser Möglichkeit, sich einen ruhigen Hintergrund zu schaffen, sollten Sie sich im Freien überhaupt öfter bedienen. Auch Porträts profitieren oft von diesem kleinen Trick.

Die beiden Tierporträts auf der letzten Seite entstanden unter größten Strapazen und Entbehrungen – im Zoo! Es muß ja nicht immer gleich eine Air Safari durch ein Dutzend afrikanischer Wildreservate sein. Fotografisch können Sie das – zwar nicht alles, doch manches – viel einfacher haben. Warten Sie einen schönen Tag ab, hängen Sie sich Ihre AE-1 und die längsten Brennweiten um, die Sie besitzen, nehmen Sie die Jüngste an die Hand und die Mutti ins Schlepptau – und lassen Sie auch den Zoo einmal ein paar Mark verdienen! – Der Papagei war zwar zahm, doch der größere Arbeitsabstand des Makro-Objektivs FD 1:4/100 mm SC kam mir recht gelegen. Der Kerl fand nämlich alles zum Anbeißen interessant. In einem solchen Fall entscheidend: präzise Fokussierung auf das Auge!

Der kleine Panda darunter tut übrigens nur so, als würde er mir die Zunge herausstrecken. In Wirklichkeit war ich mit meinem FD 1:4,5/400 mm SSC und der motorisierten AE-1 so weit weg, daß er bestimmt keinen Anlaß zu einer solch verächtlichen Geste sah. Denn eine möglichst lange Brennweite ist natürlich der Trumpf, der im Zoo (und allgemein bei Tieren) am besten sticht. Halten Sie das Objektiv ruhig direkt vor ein Maschengitter: längere Brennweite und große Blende lassen den Maschendraht buchstäblich in Nichts zerfließen.

Aufnahme S. 131 unten: Canon. Sämtliche anderen Aufnahmen: G. Richter.

Diese rein mechanische Anpassung der Kamera an sehr kurze Aufnahmeabstände hat allerdings auch ihren Preis: die Kupplungsfunktionen zwischen Objektiv und Kamera entfallen, damit auch die automatische Blendensteuerung, die Springblende und die Möglichkeit der Offenblendenmessung. Hier kommen endlich die Verfechter der automatischen Verschlußsteuerung (Seite 37) zu ihrem Recht, denn ein Zeitautomat bleibt auch unter diesen Umständen noch voll mit Belichtungsautomatik einsetzbar, wenngleich auch ohne Springblende und Offenblendenmessung. Wird dieses Argument allerdings als ausschlaggebend für den Zeitautomaten ins Feld geführt, so drängt sich mir folgender Vergleich auf: Würden Sie sich etwa einen Schwimmwagen kaufen, nur weil Sie vielleicht im überübernächsten Urlaub in die Lage kommen könnten, einen Fluß zu durchqueren? Würden Sie dafür all jene Kompromisse in Kauf nehmen, die der Hersteller schließen mußte, um dieses Auto schwimmfähig zu machen? Mit anderen Worten, würden Sie im normalen Fahrverkehr auf die Vorteile eines normalen Autos verzichten, nur damit . . .? Sehen Sie, ich auch nicht.

Zum erstenmal treffen wir beim Einsetzen von Zwischenringen auf das konkrete Problem der Auszugsverlängerung und damit die Tatsache, daß die auf unserem Objektiv gravierten Blenden in Wirklichkeit gar nicht mehr zutreffen. Nun, solange Sie sich auf das Innenmeßsystem Ihrer Canon AE-1 verlassen, berührt Sie das überhaupt nicht. Denn dieses System mißt ja direkt durch das Objektiv und erhält somit automatisch nur jene Lichtmenge, die hinten ankommt. Korrekturfaktoren sind ihm deshalb unbekannt. Anders ist die Situation natürlich, wenn Sie z. B. ein Elektronenblitzgerät einsetzen. Hier müssen Sie den durch die Auszugsverlängerung entstehenden Lichtverlust in Rechnung stellen, sonst erhalten Sie eine Unterbelichtung. Eine Berechnung des sogenannten Verlängerungsfaktors kann nach folgender Formel erfolgen:

$$V = \left(1 + \frac{A}{f}\right)^2,$$

worin

V = Verlängerungsfaktor

A = Auszugsverlängerung

f = Brennweite des verwendeten Objektivs.

Nehmen wir an, Sie würden einen Zwischenring 20 mm mit dem Normalobjektiv 50 mm kombinieren. Nach der obigen Formel ergäbe sich dann folgende Rechnung:

$$V = \left(1 + \frac{20}{50}\right)^2 = 2{,}8.$$

In diesem Fall wäre eine 2,8fache Belichtungsverlängerung für einwandfreie Belichtung erforderlich. Dies entspricht etwa $1\frac{1}{2}$ Blendenstufen. Da die Schärfentiefe in der Nahfotografie geradezu erschreckend zusammenschmilzt, sollte ein Ausgleich möglichst durch Verringerung des Abstandes zwischen Lichtquelle und Aufnahmeobjekt gesucht werden, damit die als Grundlage gewählte (relativ kleine) Blende nach Möglichkeit beibehalten werden kann.

Überhaupt gilt für Aufnahmen mit Zwischenringen die Regel, daß das Objektiv mindestens auf 8 oder 11 abgeblendet werden sollte, um die Abbildungsleistung in diesem Bereich – für den ein normales Objektiv ja nicht gerechnet ist – einigermaßen zu erhalten.

Für Aufnahmen mit Zwischenringen an der AE-1 sind einige Besonderheiten zu beachten:

1. Drehen Sie den Blendenring des Objektivs aus seiner Automatik-Stellung auf eine beliebige Blendenzahl, **bevor** Sie das Objektiv an den Zwischenring ansetzen.

2. Gleichfalls vor dem Ansetzen des Objektivs ist der Springblendenhebel an dessen Rückseite über den deutlichen Widerstand hinweg bis an das entgegengesetzte Ende seines Bewegungsbereichs zu führen, wo er einrastet. Einige wenige Objektive besitzen einen getrennten Hebel, mit dem der Springblendenhebel verriegelt wird. Dieser zweite Hebel ist auf «L» zu schieben. Nunmehr wirkt der Blendenring nach dem Ansetzen des Objektivs an den Zwischenring direkt auf die Blende, so daß diese von Hand eingestellt werden kann.

Zur Handeinstellung der Blende wird der große Springblendenhebel links an der Rückseite des Objektivs vor dem Ansetzen an das betreffende Zubehör an seinen entgegengesetzten Anschlag geschoben.

3. Die Belichtungsmessung mit dem Innenmeßsystem der Kamera erfolgt bei Arbeitsblende (siehe Seite 84). Beim Antippen des Auslösers blinkt im Sucher die rote Leuchtdiode «M» als Zeichen dafür, daß die Aufnahme nicht mit Belichtungsautomatik erfolgt. Im Gegensatz zur Arbeitsblendenmessung mit FL-Objektiven braucht der Abblendknopf hier nicht gedrückt zu werden, da Sie das Objektiv ja bereits vor dem Ansetzen auf Handeinstellung der Blende umgeschaltet haben.

Beim Abnehmen des Zwischenrings und Wiedereinsetzen des Objektivs für normale Aufnahmen dürfen Sie keinesfalls vergessen, den Springblendenhebel an der Rückseite des Objektivs wieder zu entriegeln und in seine Normalstellung zurückzubringen, da die Springblende sonst ausgeschaltet bleibt. Außerdem muß der Blendenring auf Automatik zurückgestellt werden.

Was wir über Zwischenringe gesagt haben, trifft im Grunde genommen auch auf ein sehr vielseitiges Nahzubehör zu, das sogenannte **Balgengerät.** Lediglich sind uns hier für die Auszugsänderung keine starren Grenzen mehr gesetzt, sondern ein ziemlich weiter Bereich steht stufenlos zur Verfügung. Ein Balgeneinstellgerät ist eine Art Balgen – wie wir ihn aus der Frühzeit der Fotografie kennen – auf einem Führungsgestänge. Der Balgen läßt sich in der Länge stufenlos auf diesem Gestänge verstellen. Für den wirklichen Anhänger der Nahfotografie führt kein Weg am Balgeneinstellgerät vorbei. Seine Verwendung ist jedoch ausschließlich an ein Stativ oder eine andere feste Unterlage gebunden. Nur so ist eine präzise Einstellung und verwacklungsfreie Aufnahme mit den in der Nahfotografie meist längeren Verschlußzeiten möglich – längere Verschlußzeiten deshalb, weil die geringe Schärfentiefe im Nahbereich stärkere Abblendung erfordert.

Für die AE-1 liefert Canon zwei verschiedene Balgengeräte, das einfachere vom Typ M mit einem längsten Auszug von 145 mm bei Handeinstellung der Blende, und das **Balgengerät FL** als Naheinstellgerät mit allen Schikanen. Hier sind nicht nur Kamera- und

Das einfache Balgeneinstellgerät M.

Das Balgengerät FL (rechts) bietet vielfältige Verstellmöglichkeiten und Erhaltung der Springblendenfunktion der Objektive ohne Verwendung eines Doppeldrahtauslösers.

Objektivstandarten verstellbar, sondern das Gerät läßt sich in seiner Gesamtheit mit Hilfe eines Einstellschlittens verschieben, so daß eine Fokussierung möglich wird, ohne daß sich der Abbildungsmaßstab auf dem Film ändert. Hinzu kommt die «FL-Charakteristik» des Geräts, nämlich volle Springblendenkupplung. Die Lichtmessung erfolgt bei Arbeitsblende, der gesamte übrige Einstellvorgang jedoch mit voll aufgeblendetem Objektiv. Die mit dem Balgengerät FL mögliche Auszugsverlängerung reicht von 34,5 mm bis 142,5 mm.

Ein kleines Zusatzgerät, das **Diakopiergerät FL,** läßt sich übrigens an der Vorderseite des Balgengeräts FL anbringen und gestattet dann das Kopieren von Diapositiven oder Negativen. Unter Umständen kann sich eine solche Ausrüstung schnell bezahlt machen, wenn man wertvolle Dias oder Negative nicht aus der Hand geben möchte. Wenn Sie einmal einen Testfilm geopfert und eine Standardbelichtung für die verwendete Lichtquelle (vorzugsweise ein Elektronenblitzgerät) ermittelt haben, ist es eine kleine Mühe, von den unersetzlichen Originalen Duplikate herzustellen, die man ruhigen Gewissens verleihen oder versenden kann.

Diakopiergerät FL

Zu den hier beschriebenen Hilfsmitteln für die Fotografie im Nahbereich gesellen sich natürlich noch die beiden Makro-Objektive im Canon-Programm, das FD 1:3,5/50 mm SSC mit seinem Zwischenring FD 25 und das FD 1:4/100 mm SC mit dem Zwischenring FD 50, die optisch ideale Voraussetzungen für diesen Aufnahmezweig bieten und, durch ihre Zwischenringe, mechanisch den vollen Einstellbereich bis 1:1 lückenlos überstreichen – mit Offenblendenmessung und Belichtungsautomatik! Eine Besprechung dieser beiden Sonderlinge wollen wir uns jedoch für das Objektiv-Kapitel aufheben (Seite 178).

Die Retrostellung

Sobald Sie die Grenze der Abbildung in natürlicher Größe überschreiten und Objekte größer auf dem Film abbilden als sie in Wirklichkeit sind, ziehen Sie Ihren Objektiven gewissermaßen den Boden unter den Füßen weg. Sie stellen nämlich ihre normalen Arbeitsverhältnisse völlig auf den Kopf.

Vergegenwärtigen wir uns die Verhältnisse in der normalen Fotografie: der Abstand von der Hinterlinse des Objektivs zum Film ist unvergleichlich kürzer als jener von der Vorderlinse zum Aufnahmegegenstand. Je näher Sie mit der Kamera an ein Objekt herangehen, um so stärker ändern Sie dieses Verhältnis. Die Folge davon ist ein Nachlassen der Abbildungsleistung des optischen Systems. Um eine vergrößerte Abbildung auf dem Film zu erzielen, müssen Sie den Objektivauszug z. B. durch ein Balgengerät, gegebenenfalls zusätzlich mit Zwischenringen, ganz beträchtlich verlängern, und zwar um mehr als die Brennweite des Objektivs. Damit ergibt sich plötzlich folgendes Bild:

Der Abstand vom Film zur Hinterlinse des Objektivs wird durch das lange «Rohr» immer größer, im Gegensatz dazu jedoch der Abstand der Frontlinse vom Aufnahmegegenstand fast minimal. Sie sehen, wir erhalten eine genaue Umkehrung der normalen Aufnahmesituation. Durchaus folgerichtig hat man sich nun gesagt, daß eigentlich in einem solchen Fall die Abbildungsleistung des Objektivs wieder zunehmen müßte, wenn man diese Umkehrung auch für die Optik vollzieht, indem man das Objektiv einfach umgekehrt an die Kamera ansetzt. Damit erhalten wir wieder einen relativ kurzen Abstand auf seiten der nun nach vorn blikkenden Hinterlinse und einen relativ großen Abstand auf seiten der in die Kamera schauenden Frontlinse des Objektivs. Daß in diesem Fall Objekt und Film für das Objektiv vertauscht sind, spielt für die Praxis keine Rolle.

Tatsächlich bringt eine solche Anordnung in der praktischen Arbeit einen gewissen Gewinn an Bildleistung, was selbst für die beiden Makro-Objektive 50 mm und 100 mm gilt. Allerdings werden Sie sich nun fragen, wie Sie Ihr Objektiv wohl umgekehrt an der Kamera befestigen sollen. Und das zu Recht, denn ohne einen sogenannten **Umkehrring** ist das natürlich technisch nicht möglich. Deshalb hat Canon den Umkehrring FL geschaffen, der in drei verschiedenen Durchmessern lieferbar ist und sogar einen eigenen Schneckengang mit 13 mm Auszug besitzt, damit Ihnen bei Verwendung allein mit starren Zwischenringen eine Möglichkeit der Scharfeinstellung bleibt. Denn die Entfernungseinstellung des Objektivs ist in Retrostellung natürlich unbrauchbar, weil das Objektiv dabei genau in der falschen Richtung verschoben wird.

Der Umkehrring besitzt einen Bajonettanschluß für das Kameragehäuse und auf der anderen Seite eine Gewinde, das zum Filter-

Umkehrringe mit eigenem Schneckengang sind für Objektive mit Filterdurchmesser 48 mm, 55 mm und 58 mm im Canon-Programm enthalten.

gewinde des Objektivs paßt. Damit wären wir also glücklich wieder beim guten alten Schraubgewinde gelandet!

Wenn Sie das Objektiv so verkehrtherum – «in Retrostellung» – angesetzt haben, blicken natürlich sämtliche Kupplungselemente für Springblende usw. genau in jene Richtung, in der sie nichts zu suchen haben – nach vorn. Mit anderen Worten, sämtliche Kupplungsfunktionen fallen aus, und es bleibt nur die Handeinstellung wie sonst mit Zwischenringen auch. Damit Sie die Blende direkt von Hand einstellen können – wozu sich der Bajonettring des Objektivs in seiner Geschlossenstellung befinden muß – liefert Canon den Umkehrring mit einer sogenannten Makroblende. Diese setzen Sie nach Verriegelung des Springblendenhebels in das Objektivbajonett ein, genau wie sonst den hinteren Objektivdeckel, und drehen den Bajonettring bis zu seinem Anschlag. Die Makroblende schützt gleichzeitig die Übertragungselemente des Objektivs und wirkt obendrein als Gegenlichtblende.

Sollten Sie die Springblende für besondere Zwecke einmal ausschalten wollen, ohne daß Sie eine Makroblende zur Hand haben, so können Sie nach der Verriegelung des Springblendenhebels das Objektivbajonett auch dadurch entriegeln, daß Sie den hinteren Objektivdeckel in der Nullstellung des Bajonettrings aufdrükken, sich den Ring jedoch nur so weit von Federkraft drehen lassen, daß der Objektivdeckel noch abgenommen werden kann. Damit haben Sie die in Grundstellung des Bajonettrings wirksame Sperre auf die einfachste Weise überlistet.

Weiteres Makrozubehör

Ein wenig «Kleinvieh» für Makro-Aufnahmen kann ich Ihnen noch bieten: Da wäre zuerst die **Einstellupe S,** die statt der Augenmuschel auf die rechteckige Fassung des Sucherokulars geschoben wird und ein Scharnier besitzt, mit dem sie nach beendeter Scharfeinstellung nach oben aus dem Weg geschwenkt werden kann, so daß wieder das gesamte Suchergesichtsfeld zur Betrachtung zur Verfügung steht. Der Witz bei dieser Einstellupe ist nämlich, daß sie die Mitte des Sucherfeldes um das $2^1/_2$fache vergrößert und somit das gerade bei Nahaufnahmen und Reproduktionen so außerordentlich wichtige Ausloten der Schärfe erleichtert. Die Augenlinse der Einstellupe ist im Bereich von +4 bis −4 Dioptrien verstellbar, so daß eine mühelose Einstellung auf Ihr Auge möglich ist.

Der Zweite im Bunde ist ein **Winkelsucher**, der sich zwar nicht ausschließlich, jedoch vornehmlich für Nahaufnahmen und Reproduktionen eignet. Genaugenommen sind es zwei Winkelsucher, nämlich die Ausführungen B und A2, die wiederum mit einer Klemmfassung auf das Sucherokular aufschiebbar sind. Das Modell B zeigt Ihnen das Sucherbild so, wie Sie es gewöhnt sind. Das Modell A2 hingegen zeigt ein seitenverkehrtes Bild.

Beide Winkelsucher lenken den Strahlengang im rechten Winkel zur Aufnahmeachse um und eignen sich damit generell für alle jene Aufnahmesituationen, in denen der sonst so praktische Durchsichtsprismensucher unnatürliche Verrenkungen von uns verlangt: bei Befestigung der Kamera an einem Repro-Gestell, eigentlich grundsätzlich bei vertikaler Aufnahmeachse, bei Aufnahmen aus der Froschperspektive usw. Da der Einblick beider Winkelsucher um 90° geschwenkt werden kann, ist eine sehr schnelle und bequeme Umstellung, zum Beispiel von vertikaler auf seitliche Blickrichtung, möglich.

Die beiden Winkelsucher B und A2.

Die motorisierte AE-1

Kameramotoren gehören heute schon fast zum guten Ton – und zu Recht, wie ich meine, solange es sich um so kleine und handliche Einheiten handelt wie beim sogenannten Power Winder A für die AE-1. Und damit ist auch das Stichwort «Power Winder» gefallen, mit dem die japanisch-englische Terminologie wieder einmal unnötige Wellen schlägt. Es erinnert mich etwas an die Bezeichnung «Fahrrad mit Hilfsmotor». Denn – so frage ich Sie – was soll der Unsinn: ein Motor, der bis zu zwei Bilder pro Sekunde (B/s) gestattet, ist kein Motor, weil ein Motor mit 3,5 B/s erst ein richtiger Motor ist. So meinen zumindest die Japaner, die kleine, handliche Kompaktmotoren mit Bezeichnungen wie «motorischer Schnellaufzug» degradieren, um sie von den teureren Kameramotoren für Spitzenkameras wie z. B. die F-1 abzuheben, die im Grunde genau dasselbe tun, nur ein bißchen schneller eben. Nach dieser Logik wäre ein VW deshalb kein Auto, weil er nicht ganz so schnell fährt wie ein Porsche. Gestatten Sie mir deshalb, diesen Unfug nicht mitzumachen und den Power Winder A zur AE-1 schlicht als das zu bezeichnen, was er ist: als Motor.

Die inzwischen über die zunehmende Einführung von Kameramotoren entbrannten leidenschaftlichen Auseinandersetzungen weisen unverkennbare Ähnlichkeit auf mit den Debatten über die Abschaffung der Pferdebahn in München, die irrsinnigen Behauptungen, der Mensch werde jemals fliegen können, oder gar über den ungeheuerlichen Vorschlag, ein mit Dampf betriebenes Stahlungetüm auf Schienen durch die Landschaft rollen zu lassen . . .

Aus meiner eigenen Erfahrung mit der AE-1 kann ich Ihnen nur einen Rat geben: gönnen Sie sich den Mini-Motor zu dieser Kamera! Er ist ebenso preiswert wie praktisch und ergänzt Ihre automatische AE-1 geradezu perfekt. Denn es geht ja gar nicht darum, uns nur eine Fingerbewegung zu sparen. Der primäre Wert des Motors liegt darin, daß nunmehr wirklich volle Konzentration auf das Motiv möglich ist, daß wir dank der sinnvollen Kombination von automatischer Belichtung und automatischem Filmtransport einem Motiv auch durch Licht und Schatten folgen können – solange wir nicht durch die eine vorgewählte Einstellkomponente, in unserem Fall also die Verschlußzeit, an die Grenzen der Automatik stoßen – und daß wir die Kamera nicht abzusetzen brauchen, also stets uneingeschränkt schußbereit sind. Von der Möglichkeit schneller Aufnahmefolgen will ich dabei noch nicht einmal reden.

Wer einmal mit diesem Motor gearbeitet hat, wird ihn nicht mehr missen mögen. Auch aus meiner Praxis kann ich ihm eigentlich nur Vorteile bescheinigen. Das Mehrgewicht von 300 g ein-

Der Kompaktmotor zur AE-1 besitzt in seiner Oberseite eine praktische Klemme, die den von der Kamera-Bodenplatte abgeschraubten Deckel der Transportkupplung aufnimmt.

schließlich der Batterien habe ich nie als Nachteil empfunden, denn die AE-1 selbst ist so kompakt und leicht, daß uns – die wir von schwereren Kameras her kommen – diese Zugabe praktisch nicht auffällt. Die Handlichkeit der Ausrüstung, die mit angesetztem Motor nur 4,2 cm höher ist, bleibt hervorragend. Im Querformat liegt die Kamera nach wie vor auf dem linken Handballen, und Daumen und Zeigefinger umspannen den Entfernungsring des Objektivs wie üblich von unten. Auch an der Kamerahaltung ändert sich somit nichts. Wie immer Sie die Kamera beim Fotografieren drehen und wenden, der Motor verlangt kein Abweichen vom gewohnten Stil.

Nun gibt es einige Leute, die zutiefst beklagen, daß ein Auto nicht so leise fährt wie ein Fahrrad, und die einen Kameramotor allein deswegen verteufeln, weil sie ihn schließlich bei einem gelegentlichen feierlichen Anlaß – sei es in der Kirche oder bei einer Zeremonie – nicht «aufheulen» lassen könnten. Ganz abgesehen davon, daß es sehr laute und sehr leise Autos gibt, um bei unserem Beispiel zu bleiben, übersehen diese Leute einen kleinen Schalter an der linken Seite des Motors zur AE-1. Damit läßt sich das Ding nämlich auch ausschalten! Fazit: in einer «feierlichen Situation» lassen wir den Motor ausnahmsweise ausgeschaltet und transportieren heimlich, still und leise mit dem Schnellschalthebel. Deswegen brauchen Sie den Motor nicht abzunehmen, und Sie brauchen auch keine großartigen Manipulationen auszuführen. Wenn Sie andererseits einmal nur unter feierlichen Umständen fotografieren wollen oder wenn Sie in einem bestimmten Fall so klein und leicht wie möglich bleiben möchten, genügen zwei Sekunden zum Abnehmen des Motors – ich habe es gestoppt! Schließlich müssen Sie den Motor ebensowenig ständig einsetzen wie jedes andere Zubehör; es bleibt Ihrer Regie überlassen, den für Ihre Zwecke optimalen Nutzungsgrad zu finden.

Das Arbeiten mit dem Motor der AE-1

Wirklich die einzige Vorbereitung, die Sie an Ihrer AE-1 zum Ansetzen des Motors treffen müssen, ist das Abschrauben des Deckels der Transportkupplung in der Bodenplatte der Kamera. Dieser Deckel schützt die Kupplung bei Nichtbenutzung eines Motors vor dem Eindringen von Staub und Fremdkörpern. Sie sollten ihn deshalb grundsätzlich wieder aufsetzen, wenn Sie die AE-1 ohne Motor einsetzen. Dieser besitzt zur Aufbewahrung des Deckels eine recht praktische Klemme in seiner Oberseite, in die der Deckel einfach mit dem Gewinde nach oben eingeschoben wird. Damit haben Sie ihn stets zur Hand, wenn Sie den Motor wieder abnehmen, ohne daß er sich irgendwo verschlüpfen kann.

Wie bei jedem elektrisch betriebenen Zubehör müssen wir auch beim Motor der AE-1 zuerst Batterien einlegen. Und wenn Sie das Batteriefach unter Druck auf seinen Sperrknopf abgezogen haben, werden Sie feststellen, daß der eigentliche Motor überhaupt nur 200 g wiegt und alles zusätzliche Gewicht zu Lasten der leider noch immer recht schweren Batterien geht. Das Einlegen der Batterien in das Batteriefach ist besonders mühelos. Nach der Polungsprägung im Batteriefachboden ordnen Sie vier Mignonzellen 1,5 V entsprechend an und fixieren sie durch Herunterklappen der Deckellasche. NC-Zellen dürfen hier nicht verwendet werden. Vermeiden Sie auch die Verwendung wenig leistungsfähiger Kohle-Zink-Batterien. Ausschließlich zu empfehlen sind

Alkali-Mangan-Batterien, die nach meiner Erfahrung im Normalfall beträchtlich mehr als die von Canon angegebenen 20 Kleinbildfilme zu 36 Aufnahmen durchziehen. Aus diesem Grunde lohnt es sich meines Erachtens auch nicht, sich zusätzliche Batterieteile zu kaufen, um diese vorgeladen mitzuführen. Der Wechsel geht so schnell vonstatten, daß Sie ihn in den erforderlichen, sehr großen Abständen leicht direkt bewerkstelligen können. Als einzige Ausnahme könnte ich mir sehr umfangreiche Aufnahmeserien bei sehr niedrigen Temperaturen vorstellen, für die man ein zweites, vorgeladenes Batteriefach temperiert mitführen kann. Für normale Aufnahmen bei niedrigen Temperaturen gleich noch der Tip, das Batteriefach vom Motor abzunehmen, in einer warmen Innentasche mitzuführen und erst unmittelbar vor den Aufnahmen an den Motor anzusetzen.

Wenn Sie die AE-1 jetzt in der rechten Hand halten und mit der linken den Motor ansetzen, genügen einige Bewegungen des Daumens, um ihn mit seiner griffigen Anzugsschraube an der

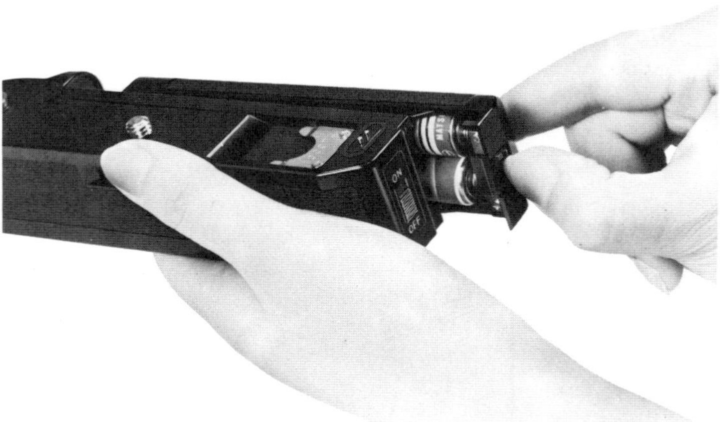

Das Batterieteil des AE-1-Motors ist mit einem Handgriff abnehmbar, so daß die Batterien bei großer Kälte in einer Jackentasche temperiert und bequem erst unmittelbar vor den Aufnahmen wieder angesetzt werden können.

Kamera zu sichern. Und damit ist die ganze Prozedur auch schon erledigt. Einzige Voraussetzung für das Ansetzen ist lediglich, daß der Motor ausgeschaltet war. Wenn Sie diesen Punkt nicht beachten, besteht die Möglichkeit, daß die Motorkontakte beim Ansetzen bereits geschlossen werden, der Motor teilweise läuft und sich verklemmt. Mir selbst ist es nicht gelungen, eine solche Situation in der Praxis bewußt herbeizuführen. Die Gefahr ist also verhältnismäßig gering. Sollte Ihnen das Mißgeschick trotzdem einmal passieren, genügt es, entweder den Motorschalter kurz auf OFF und wieder auf ON zu stellen oder einen Transportvorgang mit dem Schalthebel auszuführen.

Ihre AE-1 ist nun also motorisiert. Bei der Besprechung der technischen Einzelheiten des Kamerasystems hatten wir bereits festgestellt, daß der Motor – auch wenn er eingeschaltet ist – nur an Spannung liegt, wenn er im Funktionsablauf der Kamera wirklich an die Reihe kommt. Außer der damit verbundenen Stromersparnis hat dies einen großen praktischen Vorteil: Sie brauchen den Motor nämlich grundsätzlich nur auszuschalten, wenn Sie die Kamera in Ihre Universaltasche zurücklegen. Solange Sie die AE-1 einsatzbereit mitführen, kann der Motor unbeschadet auf ON bleiben. Damit sind Sie wirklich blitzschnell schußbereit, ohne daß Sie irgendeinen Schalter – sei es an der Kamera oder am Motor – betätigen müßten, bevor Sie auf den Auslöser drücken können. Der Auslösevorgang selbst ist auch bei angesetztem Motor völlig identisch mit jenem bei Handbetrieb. Sobald Sie den Auslöser über den Druckpunkt führen, erfolgt die Belichtung, und unmittelbar anschließend führt der Motor all das aus, was Sie sonst mit dem Schnellschalthebel bewerkstelligen. Das geht sehr schnell, und Sie dürfen dabei den Rückspulknopf nicht behindern, weil dieser sich ebensoschnell mitdreht.

Auf diese Weise steuern Sie sämtliche Kamerafunktionen buchstäblich mit einem einzigen Fingerdruck. Wenn Sie den Auslöser dabei zügig über den Druckpunkt führen und den Druck ebenso zügig wieder verringern, fotografieren Sie wie gewohnt mit Einzelaufnahmen. Hierfür steht uneingeschränkt der gesamte Verschlußzeitenbereich der AE-1 einschließlich B zur Verfügung.

Ohne eine Umschaltung irgendwelcher Art können Sie aus dieser Betriebsart blitzschnell zu **Reihenaufnahmen** mit einer maximalen Frequenz von zwei Bildern pro Sekunde übergehen, solange die eingestellte Verschlußzeit mindestens 1/60 s beträgt. Längere Zeiten sind hierfür verständlicherweise nicht geeignet.

Die Möglichkeit, so problemlos und blitzschnell zu schnelleren Aufnahmefolgen überzugehen, unterstreicht das fortschrittliche Konzept der AE-1, sollte jedoch nicht mißverstanden werden: Der Motor soll kein Maschinengewehr aus Ihrer AE-1 machen. Erstens reichen für Bewegungsstudien zwei Bilder pro Sekunde nicht aus. Dafür ist die AE-1 letzten Endes auch nicht gedacht. Zweitens jedoch liegt der Sinn eines Motors nicht darin, lediglich Ihren Filmverbrauch zu steigern. Er soll Ihnen die Freiheit geben, dann blitzschnell zu reagieren, wenn es wirklich nötig ist und Vorteile bringt. Alle diese konstruktiven Voraussetzungen gibt Ihnen die AE-1 in die Hand. Sie sinnvoll einzusetzen, kann Ihnen ein Gerätehersteller selbstverständlich nicht abnehmen.

Als Motor-Neuling mit der AE-1 fragt man sich anfangs vielleicht, ob es nicht eine besondere Konzentration erfordere, den Druck auf den Auslöser sofort nach der Belichtung wieder zu verringern, um nicht versehentlich Reihenaufnahmen zu erhalten. Nun, Sie können die Probe aufs Exempel sehr leicht mit ungeladener Kamera machen: der Auslöser der AE-1 ist so angenehm tastend zu bedienen und besitzt einen so klar definierten Druckpunkt, daß Ihr Finger schon auf ihm einschlafen müßte, um ungewollt Reihenaufnahmen zu produzieren. Nur wenige Probeaufnahmen mit ungeladener Kamera, und der kurze, weiche Druck ist absolute Selbstverständlichkeit. Verfallen Sie bitte nicht in den Fehler, aus lauter Angst vor zu langem Druck den Finger nach der Auslösung hochzureißen. Er soll ruhig auf dem Auslöser liegenbleiben. Allein die Stärke des Drucks ändert sich.

Bei eingelegtem Film kommt irgendwann der Augenblick, in dem der Motor nur noch kurz aufzuckt – und dann stehenbleibt. Gleichzeitig leuchtet an seiner Rückseite eine rote Leuchtdiode als Zeichen dafür, daß das Filmende erreicht ist. Auch bei angesetztem Motor ändert sich für Sie am Filmwechsel nichts. Statt des Freilaufknopfes in der Bodenplatte der Kamera drücken Sie jenen an der Unterseite des Motors. Dieser Knopf besitzt keine Rastung, springt also sofort wieder heraus, wenn Sie den Finger wegnehmen. Seine Funktion besteht lediglich darin, den gerasteten Freilaufknopf der Kamera einzudrücken. Der übrige Vorgang des Filmwechsels ist uns ja inzwischen nichts Neues mehr.

Wenn Sie merken, daß der Motor einen etwas müden Eindruck macht und ein Filmtransport bereits eine Sekunde in Anspruch nimmt, dann wird es Zeit, die Batterien auszuwechseln.

Automatisch blitzen

Blitzautomatik wäre ein alter Hut? Na ja, seit den Zeiten des Blitzpulvers sind einige Jährchen ins Land gegangen. Sogenannte Computer-Blitzgeräte, die die abgegebene Lichtmenge selbsttätig nach der Menge des vom Objekt zurückgeworfenen Lichts regeln, sind heute eine Selbstverständlichkeit. Und doch – überzeugen Sie sich selbst, daß jene Blitzautomatik, wie sie die Canon AE-1 bietet, noch ein klein wenig automatischer ist als die landläufige Automatik. Sie zwingt uns geradezu, die Sprache um eine Steigerungsform von «automatisch» zu bereichern.

Zu den Aufnahmen auf den folgenden vier Seiten:

Licht, das durch die Fenster dringt, einen Raum erfüllt – oder auch nur mit einem Kegel Stimmung schafft. Innenaufnahmen ohne Blitz sind vortreffliche Stimmungsmaler. Ihre AE-1 schafft sie mit Leichtigkeit, sei es mit automatischer Belichtung oder mit bewußter Belichtungskorrektur, wenn die Beleuchtung innerhalb des Bildausschnitts zu stark vom Normalfall abweicht. Sobald Sie große, lichtdurchflutete Fensterläden im Bild haben, kann Ihnen die Automatik natürlich nur eine Unterbelichtung liefern. Die gleiche Unterbelichtung müßten Sie erhalten, wenn Sie diese Stellen selektiv, sagen wir mit einer F-1, ausmessen. Mit dem, was wir aus dem Buchtext über die Meßcharakteristik der AE-1 und das Arbeiten des Meßsystems wissen, fällt es jedoch nicht schwer, in diesen Ausnahmefällen eine entsprechend neutral beleuchtete, andere Fläche auszumessen, auf die wir dann die handeingestellte Belichtung abstimmen können. Grundsätzlich sollten Sie sich merken, daß das Sucherfeld – und damit das Meßfeld Ihrer Kamera – jene Fenster, durch die das Licht in den Raum quillt, nicht erfassen sollte, wenn Sie eine natürliche Wiedergabe des Innenraums anstreben.

Ein gutes Beispiel hierfür ist die gegenüberstehende Aufnahme aus der Klosterkirche in Rott am Inn, die das Licht selbst zwar gut erfaßt, die Fenster jedoch sorgfältig meidet. Sie entstand unter Verwendung des FD 1:2/35 mm SSC – wie Sie generell Objektive kurzer Brennweite in Innenräumen häufiger einsetzen werden. Dies hier ist übrigens ein Fall, in dem es auf genau kontrollierte Schärfentiefe ankommt. Er unterstreicht gleichzeitig das auf Seite 39 Gesagte: in einer solchen Situation sind wir nicht mehr auf die überlegene Schnappschuß-Schnelligkeit der AE-1 angewiesen und können es uns leisten, mit Blendenvorwahl zu arbeiten.

Die Weitwinkelaufnahme auf Seite 154 führt in die tunesische Oase Douz und demonstriert die zwingende perspektivische Verjüngung, wie sie z. B. die Brennweite 28 mm erzeugt. Die «steile-

Weiter auf Seite 157

Farbposter 28 × 35 cm

vom 25. 2. – 26. 3. 1980

statt 19,50

nur 12,50

Farbposter 40 × 60 cm

vom 25. 2. – 26. 3. 1980

statt 29,50

nur 19,50

Nicht verpassen: Der 26. März 1980 ist letzter Annahmetag.

BAC

re» Perspektive der kurzen Brennweite betont diese Verjüngung und schafft wiederum bildwirksame Diagonalen – die allerdings nicht im direkten Bildmittelpunkt zusammenlaufen sollten!

Sind auch Sie der Meinung, daß man mit einem Teleobjektiv in den engen Gassen einer Altstadt nichts anfangen könnte? Nun, die Aufnahme mit dem FD 1:4/200 mm SSC auf Seite 155 versucht das Gegenteil zu beweisen. Gerade in engen Gassen malt das Licht oft faszinierende Muster, schafft bezaubernde Effekte. Erstens handelt es sich dabei wieder um Details, bei denen ein Objektiv kürzerer Brennweite meist zuviel erfaßt. Zweitens jedoch schafft allein die längere Brennweite überhaupt die Möglichkeit, gewisse Motive in einer gewissen Höhe zu erfassen und perspektivisch ansprechend darzustellen. Szenen wie diese aus der Altstadt von Palma de Mallorca finden Sie unzählige, und immer wieder neue. Seien Sie deshalb kein Brennweiten-Muffel! Spielen Sie jeden Trumpf aus, den Sie besitzen! Mit einer längeren Brennweite gelingt es Ihnen, selbst höherliegende Bauwerksteile ohne auffällige stürzende Linien (Seite 155) abzubilden, solange Sie Bewegungsfreiheit im Rücken besitzen.

Bei Schnee schließlich brauchen Sie fotografisch noch lange keine kalten Füße zu bekommen, wenn Sie ein klein wenig mitdenken. Daß der Belichtungsmesser einer jeden Kamera das gleißende Weiß vor Ihnen für neutrales Grau mit nur 18 % Reflexionsvermögen hält, hatte ich Ihnen auf Seite 79 bereits auseinandergesetzt. Folglich muß er Ihnen eine in Weiß getauchte Schneelandschaft zwangsläufig unterbelichten. Diese Erfahrung bliebe Ihnen auch mit einer selektiv messenden Kamera – sagen wir, der F-1 – oder einem Handbelichtungsmesser – nicht erspart. Also heißt es, Anteil und Verteilung der glitzernden Schneefläche abschätzen und – hat diese Fläche einen zu starken Anteil am Gesamtbild – der Automatik etwas nachhelfen. Wie, das hatten wir im Buchtext bereits besprochen. In jedem Falle jedoch gilt, zumindest für Farbumkehrfilm: lieber eine etwas knappe Belichtung als eine Überkorrektur, sprich Überbelichtung! – Die Aufnahme oben entstand mit dem FD 1:2,5/135 mm SC, die untere mit dem FD 1:2/35 mm SSC.
Sämtliche Aufnahmen dieser Seiten: G. Richter.

Zunächst einmal ist auch das **Speedlite 155A** ein Computer-Blitzgerät. Das bedeutet, es besitzt einen Fototransistor an seiner Vorderseite, der die Objektreflexion mißt und den Blitz abschaltet, sobald ein bestimmter Schwellwert erreicht ist. Damit wird in bestimmten Entfernungsbereichen ein entfernungsunabhängiges Blitzen möglich, das heißt, Sie brauchen nicht mehr wie früher ständig die Blende zu verstellen, wenn Ihr Motiv plötzlich nicht mehr 2 m, sondern 3 m weit entfernt ist. Dieses Blitzverfahren ist keine Neuheit mehr. Eine Eigenheit der von Canon gewählten Konstruktion allerdings ist die unterschiedliche Empfindlichkeit des Sensors, wie man den Fototransistor in der Fachsprache bezeichnet, auf die Objektreflexion in Bildmitte. In diesem Bereich ist der Sensor nämlich etwas weniger empfindlich als um die Bildmitte herum, so daß sich der Blitz nicht primär nach dem meist in diesem Bereich liegenden Hauptmotiv richtet, sondern auch ein klein wenig an die Umgebung denkt. Das Ergebnis ist eine etwas ausgewogenere Blitzbelichtung.

Neu an der Blitzautomatik der Canon AE-1 ist die Einbeziehung des Blitzgeräts in die Kamera-Elektronik, sobald das Speedlite 155A im Zubehörschuh der Kamera befestigt ist und seine Bereitschaftslampe nach dem Einschalten aufleuchtet. Wieder wird der Auslöser der Kamera zum zentralen Steuerungselement. Doch damit nicht genug. Sobald nämlich die Bereitschaftslampe des Speedlite 155A aufleuchtet und damit die Verbindung zur Kamera-Elektronik herstellt, kann sich das Verschlußzeitenrad der Kamera in jeder beliebigen Stellung befinden (mit Ausnahme der Offenstellung «B») – die Kamera schaltet automatisch auf die Synchronzeit $^1/_{60}$ s um. Und sie schaltet ebenso selbsttätig auf die am Verschlußzeitenrad eingestellte Zeit zurück, sobald die Bereitschaftslampe entweder nach dem Zünden des Blitzes oder nach Ausschaltung des Blitzgerätes erlischt. Mit anderen Worten, Sie können die Verschlußzeiteneinstellung vergessen.

Doch auch damit noch nicht genug. Das Speedlite 155A läßt Ihnen nämlich die Wahl zwischen zwei verschiedenen, sogenannten **Programmblenden** oder **Automatikblenden,** denn ein Computer-Blitzgerät muß sich grundsätzlich an eine bestimmte –

und im Normalfall am Objektiv einzustellende – Blende halten, auf die es dann die Dosierung des Blitzes bezieht. Bietet ein solches Gerät die Möglichkeit, unter mehreren Arbeitsblenden zu wählen, so spricht man von derartigen Programmblenden.

Das Canon-Blitzgerät für die AE-1 bietet Ihnen, wie gesagt, zwei verschiedene Programmblenden, die sich verständlicherweise mit der Empfindlichkeit Ihres Films ändern. Für 21-DIN-Film sind es 2,8 (rot) und 5,6 (grün). Die durch ein grünes Dreieck auf der Blendenskala des Blitzgeräts gekennzeichnete grüne Programmblende entspricht der gleichfalls grünen (linken) Stellung des MANU-Schalters darunter, die rote Programmblende der (rechten) roten Stellung dieses Schalters.

Die grüne Blende gilt, unabhängig von der sich mit der Filmempfindlichkeit ändernden Blendenzahl, für den Bereich von 0,5 m–3 m, die rote Blende für 0,5 m– 6 m.

Nach dem Einstellen der Filmempfindlichkeit lassen sich die beiden Programmblenden auf der darunterliegenden Skala ablesen. Darunter links der Wahlschalter für die Programmblenden, hier in der Stellung für Aufnahmen mit abgeschalteter Automatik.

Welche Vorteile die Möglichkeit des Wählens zwischen zwei verschiedenen Arbeitsblenden bietet, wird Ihnen nach allem, was wir über die Funktion und die Auswirkungen der Blende bisher gelernt haben, klar sein: die größere der beiden Blenden gibt Ihnen zwar geringere Schärfentiefe, dafür jedoch einen größeren Arbeitsbereich mit Blitz. Sie sollte nicht nur dann eingesetzt werden, wenn Ihr Motiv über 3 m weit weg ist und die grüne Blende damit nicht mehr ausreicht, sondern auch dann, wenn Sie im Bereich unter 3 m auf knappe Schärfentiefe Wert legen, um Ihr Motiv gegen eine unscharfe Umgebung abzuheben.

Umgekehrt gibt Ihnen die kleinere der beiden Blenden (grün) eine Reichweite bis 3 m, dafür jedoch größere Schärfentiefe. Nach diesen Überlegungen sollten Sie sich für eine der beiden Arbeitsblenden entscheiden, sobald Sie im Bereich bis 3 m blitzen. Bei allem was weiter entfernt liegt, bleibt Ihnen von vornherein keine andere Wahl, als die größere (rote) Blende vorzuprogrammieren.

Ich hatte Ihnen echte Blitz-«Automatik» versprochen. Was passiert also mit besagter Programmblende, nachdem sie am Blitzgerät gewählt wurde? Machen Sie die Probe: sobald Sie bei laufendem Blitzgerät den Auslöser der AE-1 antippen, springt die Blendennadel auf die von Ihnen gewählte Programmblende. Voraussetzung ist natürlich, daß das Objektiv – wie bei automatischen Tageslichtaufnahmen – auf «A» bzw. der grünen Kreismarke steht. Das heißt, daß die automatische Blendensteuerung auch bei Blitzaufnahmen so funktioniert, wie Sie es gewohnt sind. Die Handeinstellung der Blende entfällt.

Nehmen Sie es mir bitte nicht übel, wenn ich mich scheinbar wiederhole: ich möchte Ihnen nämlich schon wieder raten, sich ein Zubehör zu Ihrer AE-1 zu gönnen – eben das Speedlite 155A. Gönnen ist eigentlich nicht der richtige Ausdruck, denn eine große Investition ist dieses Blitzgerät wahrlich nicht. Dafür bietet es Ihnen im Verein mit der AE-1 ein so hohes Maß an Komfort, Sicherheit und Schnelligkeit, daß Sie sich diese Freude nicht entgehen lassen sollten. Die Ergebnisse, die ich mit diesem Blitzgerät in der Praxis erzielen konnte, sind ausgezeichnet. Geradezu bestechend ist die extrem kurze Blitzfolgezeit, die in der Praxis meist weit unter der von Canon angegebenen Grenze von sieben Sekunden liegt, denn das Gerät besitzt eine Energiesparschaltung, das heißt, es vernichtet die bei kürzeren Abständen oder stärkerer Objektreflexion nichtbenötigte Lichtmenge nicht intern, sondern es hebt sie sich für den nächsten Blitz auf. Dadurch braucht der Kondensator nur teilweise nachgeladen zu werden. So wird es sogar möglich, das Speedlite 155A in Verbindung mit dem Motor zur AE-1 im Nahbereich für schnelle Schußfolgen zu verwenden.

Die Praxis des Speedlite 155A

Wie der Motor, braucht auch das Blitzgerät zur AE-1 vier Mignonzellen 1,5 V zu seinem Betrieb. Auch hier wieder: Kohle-Zink-Batterien sind absolut ungeeignet! Verwenden Sie im Normalfall Alkali-Mangan-Batterien, gegebenenfalls wiederaufladbare NC-Zellen.

Sie mögen es für eine Kleinigkeit halten, doch ich freue mich immer wieder, wenn ich eine Konstruktion sehe, die auch in kleinen Dingen wohldurchdacht ist. Ich kenne Blitzgeräte, bei denen müssen Sie nicht nur den Batteriefachdeckel mühselig herausfingern, sondern anschließend noch die alten Batterien mit Preßluft herausblasen – wenn Sie mir die leichte Übertreibung gestatten. Der Batteriefachdeckel des Speedlite 155A sitzt bombenfest und läßt sich doch mit einem Griff ganz abnehmen. Damit liegt das Batteriefach völlig frei ohne jede Klemmen vor Ihnen; Sie lassen die Batterien einfach «hineinfallen». Deutliche Skizzen am Geräterand weisen darauf hin, wie die Pole der Batterien liegen müssen. Wenn Sie das nächste Mal Batterien wechseln, kippen Sie das Gerät einfach auf die Seite – und die Zellen purzeln heraus.

Außerordentlich wichtig bei Verwendung dieses Geräts ist die Einstellung der Filmempfindlichkeit **am Blitzgerät,** denn dies ist

Das Batteriefach des Speedlite 155A ist bequem zugänglich, der Batteriewechsel ohne Fummeln möglich.

zur automatischen Blendenübertragung erforderlich. Mit dem Rändelrad an der Oberseite des Gerätes ist die Einstellung des betreffenden ASA-Werts Sekundensache. Damit verschiebt sich weiter unten auch die Blendenskala, auf der die beiden farbigen Dreiecke Ihre beiden Programmblenden anzeigen. Die beiden farbigen Linien unter der Entfernungsskala in Fuß und Meter entsprechen dem Arbeitsbereich des Gerätes bei den zwei Arbeitsblenden. Wie Sie sehen, ändert sich nur die Programmblende mit der Einstellung der Empfindlichkeit, nicht jedoch der Arbeitsbereich.

Der mit MANU bezeichnete Schalter unter dem Einstell-Rund dient zur Wahl der Programmblende bzw. zur Abschaltung der Computer-Automatik für das Blitzen mit Handeinstellung, ein

Verfahren, das wir etwas später noch besprechen werden. An dieser Stelle möchte ich Sie nur auf eine gewisse Fehlerquelle hinweisen: Wenn Sie zwischen den zwei Programmblenden umschalten, müssen Sie über die mit einer kräftigen Rastung versehene Mittelstellung für Handbetrieb gehen. Mir selbst ist es beim Fotografieren gelegentlich passiert, daß ich in der Hitze des Gefechts die kräftige Rastung in der Mitte bereits für die Endstellung hielt – und dann ohne jede Automatik blitzte. Dabei hatte ich natürlich noch übersehen, daß die Blendennadel im Sucher nicht auf der Programmblende stand, wie sie es bei eingeschalteter Automatik hätte tun müssen, sondern daß sie an ihrem oberen Anschlag stehenblieb. Achten Sie deshalb beim Umschalten der Programmblende stets darauf, daß Sie den Schalter wirklich bis in seine Endstellung schieben.
Mit einer Klemmschraube läßt sich das Speedlite 155A absolut sicher im Zubehörschuh der AE-1 befestigen, wobei gleichzeitig über Direktkontakte sämtliche elektrischen Verbindungen hergestellt werden.

Der Aufnahmevorgang selbst ist kinderleicht: Blitzgerät einschalten, Programmblende je nach Aufnahmeabstand oder gewünschter Schärfentiefe am Blitzgerät vorwählen, und auslösen, wenn die Bereitschaftslampe brennt. Um letzteres zu kontrollieren, brauchen Sie die Kamera nicht vom Auge zu nehmen, denn Sie erkennen beim Antippen des Auslösers an der Stellung der Blendennadel, ob Ihre Programmblende eingesteuert wird. Dies geschieht nämlich erst in dem Augenblick, in dem die Bereitschaftslampe aufleuchtet. Nur in dem wenig wahrscheinlichen Fall, daß Ihnen die normale Belichtungsautomatik unter den herrschenden Verhältnissen die gleiche Blende geben würde, könnten Sie den Unterschied im Sucher nicht erkennen.

Mit dem Erlöschen der Bereitschaftslampe springt auch die Blendennadel wieder in Ruhestellung bzw. auf jenen Wert zurück, der für ungeblitzte Aufnahmen in Frage kommt. Schalten Sie das Blitzgerät möglichst bald nach den Aufnahmen aus, um Batteriestrom zu sparen. Für «gemischte Aufnahmen» können Sie das Speedlite 155A ohne weiteres auf der Kamera belassen. Solange es nicht eingeschaltet ist, nimmt es die AE-1 überhaupt nicht zur Kenntnis.

Verwendung des Speedlite 155A als reines Computer-Blitzgerät

Sollten Sie ein FL-Objektiv ohne Blendenautomatik für Blitzaufnahmen mit der AE-1 einsetzen, müssen Sie natürlich auf die automatische Übertragung der vorgewählten Programmblende verzichten. Selbst in diesem Fall bleibt jedoch die automatische Umschaltung der Kamera mit Aufleuchten der Bereitschaftslampe auf $^1/_{60}$ s erhalten. Einzige Abweichung vom vollautomatischen Blitzbetrieb: die am Blendenrechner des Blitzgerätes abgelesene Programmblende muß von Hand am Blendenring des FL-Objektivs eingestellt werden.

Im Sucher leuchtet in diesem Fall wie stets bei FL-Objektiven das rote «M» als Erinnerung daran, daß Aufnahmen mit automatischer Blendennachführung nicht möglich sind.

Blitzen mit abgeschalteter Automatik

Wenn Sie unbedingt wollen, können Sie die ganze schöne Automatik natürlich auch abschalten, indem Sie den MANU-Schalter in seine Mittelstellung schieben. Dafür kann es zwei Gründe geben:

1. Ihr Motiv ist weiter entfernt als 6 m, der Grenze des Automatik-Bereiches mit roter Programmblende. Wenn wir bei dem eingangs genannten Beispiel der Filmempfindlichkeit 21 DIN (= 100 ASA) bleiben, so reicht Ihr Speedlite 155A mit voll aufgeblendetem Normalobjektiv 1:1,4 immerhin rund doppelt so weit.

2. Durch Ausschaltung der Automatik gibt das Gerät in jedem Fall seine volle Leistung ab. Das bedeutet, daß Sie bei kürzeren

Einstellentfernungen die Blende immer weiter schließen müssen, um diese volle Lichtleistung entsprechend zu zähmen. Sollte Ihnen also im Bereich von vielleicht 1–2 m an besonders großer Schärfentiefe gelegen sein, so können Sie durch Abschaltung der Automatik und volle Ausnutzung der Lichtleistung des Geräts zu einer nicht unbeträchtlich kleineren Blende gelangen. Bei 1,5 m zum Beispiel würde sich mit 21-DIN-Film Blende 11 ergeben, das ist eine um zwei Stufen kleinere Blende als die von der Automatik sonst eingesteuerte Programmblende 5,6.

Wenn Sie die Automatik abschalten, müssen Sie die Blende Ihres Objektivs von Hand einstellen. Deshalb lesen Sie nach der Scharfeinstellung am Objektiv die Entfernung ab. Der Blendenrechner des Blitzgeräts gibt Aufschluß über die für diese Entfernung einzustellende Blende. Die Einstellung der Verschlußzeit an der AE-1 können Sie übrigens selbst in diesem Fall vergessen: auch in Stellung MANU schaltet die Kamera beim Aufleuchten der Bereitschaftslampe automatisch auf $^1/_{60}$ s.

Im Sucher blinkt beim Antippen des Auslösers selbstverständlich wieder das rote «M», weil Ihr Blendenring nicht auf Automatik steht. Die Blendennadel im Sucher bleibt am oberen Anschlag. Mit der Auslösung sollten Sie in Stellung MANU bis etwa 30 Sekunden nach dem Aufleuchten der Bereitschaftslampe warten, damit das Gerät für die erforderliche volle Leistung auch wirklich voll aufgeladen wird.

Die Offenblitz-Methode

Die Bereitschaftslampe des Speedlite 155A dient gleichzeitig als sogenannter Handauslöser. Mit anderen Worten, wenn Sie die Lampe drücken, solange sie leuchtet, wird der Blitz unabhängig von der Kamera gezündet. Der praktische Nutzen dieser Einrichtung ist folgender:

Es gibt Fälle, in denen man einen größeren Raum fotografieren möchte, der sich mit einem Blitz beim besten Willen nicht ausleuchten läßt. Dann hilft nur eines: Kamera auf ein Stativ stellen, Verschluß in Stellung «B» geöffnet halten und mehrere Blitze von Hand zünden, gegebenenfalls von verschiedenen Standpunkten aus.

Verwendung fremder Blitzgeräte mit der AE-1

Möglicherweise besitzen Sie bereits ein Blitzgerät, das Sie mit Ihrer AE-1 verwenden möchten. Dies ist ohne Schwierigkeiten möglich.

Solange das Blitzgerät einen Mittenkontakt besitzt, können Sie es kabellos im Zubehörschuh der AE-1 zünden. Selbstverständlich funktioniert die Blitzautomatik der Kamera nur mit dem von Canon speziell dafür entwickelten automatischen Blitzgerät. Verwenden Sie ein fremdes Elektronenblitzgerät, so müssen Sie die Synchronzeit 1/60 s (bzw. eine längere Verschlußzeit) von Hand am Verschlußzeitenrad der Kamera einstellen. Ebenso muß das Objektiv von Hand auf die Arbeitsblende eingestellt werden.

Blitzgeräte ohne Mittenkontakt können an den getrennten Kabelkontakt an der Vorderseite der Kamera angeschlossen werden. Bei gleichzeitiger Verwendung des Mitten- und des Kabelkontakts ist die gemeinsame Zündung zweier Blitzgeräte möglich. FP-, M- und MF-Lampen lassen sich bis maximal 1/30 s synchronisieren.

Die AE-1 als Kalender- oder Registrierkamera

Wieder geht es um ein Zubehör, das der AE-1 zu einem erstaunlichen Preis eine weitere Dimension erschließt. Mit einigen wenigen Handgriffen läßt sich diese automatische Reflex nämlich in eine automatische Kalenderkamera verwandeln. Dazu brauchen Sie lediglich die Rückwand zu öffnen und durch Druck auf den kleinen Scharnierstift ganz abzunehmen. In gleicher Weise setzen Sie das Canon-Datenrückteil A an und verbinden sein Synchronkabel mit dem Blitzkontakt an der Vorderseite der Kamera. Die Kalenderkamera ist fertig.

Ich glaube, es ist uns allen schon passiert, daß wir uns den Kopf zerbrochen haben, wann diese oder jene unserer Aufnahmen eigentlich gemacht wurde. Canon gebührt das Verdienst, wohl als erster Kamerahersteller schon vor vielen Jahren eine ebenso einfache wie praktische Lösung für dieses Problem gefunden zu haben: durch Einbelichtung des jeweiligen Datums direkt in die Aufnahme. In einer einäugigen Reflex der Preisklasse einer AE-1 allerdings finden wir diese Möglichkeit zum ersten Mal. Beste-

In Sekunden ansetzbar, verwandelt das Datenrückteil A die AE-1 in eine Kalenderkamera.

chend ist in diesem Fall obendrein, daß uns die AE-1 wiederum eine echte Alternative bietet: wir brauchen keine spezielle Kalenderkamera zu kaufen, keine Spezialausrüstung mitzuschleppen, wenn wir sie für gewisse Dinge mit Sicherheit nicht brauchen. Andererseits ist es eine Kleinigkeit, die Kamera für Aufnahmen mit Einbelichtung des Datums umzurüsten. Wenn Sie den Austausch der Kamerarückwand gegen das Datenrückteil A in völliger Dunkelheit vornehmen – zum Beispiel nachts in einem geschlossenen Raum – brauchen Sie nicht einmal zu warten, bis wieder ein Filmwechsel fällig ist.

Wenn Sie die Kamera andererseits mit dem Datenrückteil ausgerüstet haben, sind Sie noch lange nicht gezwungen, jede einzelne Ihrer Aufnahmen zu «datieren». Sollte sich zwischendurch eine Situation ergeben, die Sie auf andere als rein persönliche Verwendungszwecke für eine oder mehrere Aufnahmen hoffen läßt, so haben Sie auch mit angesetztem Datenrückteil jederzeit die Wahl, völlig normale, undatierte Aufnahmen zu machen.

Das Canon-Datenrückteil A besitzt einen eingebauten Mini-Elektronenblitz, der im Normalfall synchron mit der eigentlichen Aufnahme gezündet wird und die eingestellten Ziffern durch die Rückseite des Films in die rechte untere Bildecke einbelichtet. Die Zahlenreihenfolge entspricht unserer Schreibweise von Tag, Monat und Jahr, läßt sich jedoch ebensogut in Monat, Tag und Jahr umkehren. Drei kleine Zahlenrädchen dienen zur Einstellung der einzubelichtenden Werte. Dabei stehen nicht nur arabische Zahlen zur Verfügung, sondern ebenso römische Ziffern von I bis X sowie die Buchstaben A–G und a–g. Die letzteren eignen sich zur Einbelichtung eines Codes und damit gegebenenfalls für Registrierzwecke.

Die Intensität des Elektronenblitzes kann mit einem Dreistufenschalter an die Empfindlichkeit des verwendeten Films angepaßt werden. Die Einbelichtung geht so schnell vor sich, daß das Datenrückteil auch in Verbindung mit dem Kameramotor verwendet werden kann, und zwar nicht nur für Einzelaufnahmen, sondern sogar für Reihenaufnahmen. Lediglich bei Temperaturen unter dem Nullpunkt und dem damit verbundenen, unvermeidlichen Leistungsabfall der Batterie sind Reihenaufnahmen mit Dateneinbelichtung nicht mehr möglich.

Die im Datenrückteil verwendete 6-Volt-Batterie vom gleichen Typ wie jene in der AE-1 reicht für über 200 Kleinbildfilme zu 36 Aufnahmen aus.

Weiteres Systemzubehör

Canon-Objektive werden jeweils mit einem vorderen und einem hinteren Deckel geliefert. Der vordere Deckel greift mit zwei angefederten Griffstücken in das Filtergewinde des Objektivs ein. Der hintere Deckel paßt in das Objektivbajonett und wird durch Drehung des Bajonettrings gesichert. Ich möchte Ihnen dringend empfehlen, alle Ihre Objektive bei Nichtbenutzung grundsätzlich durch Aufsetzen des vorderen Deckels zu schützen. Sobald sich ein Objektiv nicht in der Kamera befindet, ist es auch auf der Rückseite durch Aufsetzen des hinteren Deckels zu schützen. Die dort befindlichen Kupplungselemente zur Kamera verdienen es, gegen äußere Einwirkungen abgeschirmt zu werden. Außerdem verhindern Sie so die Verschmutzung oder gar ein Verkratzen der Hinterlinse.

Gegenlichtblenden fertigt Canon – wo sie nicht in die Objektive eingebaut sind – vernünftigerweise aus einem sehr widerstandsfähigen, doch leichten Kunststoff, der zur Unterdrückung von Streulicht auf der Innenseite nach einem elektrostatischen Verfahren beschichtet ist. Ein Bajonettanschluß sorgt für absolut sichere Befestigung auf dem Objektiv mit einer einzigen Handbewegung. Die Verbindung ist so stabil, daß man getrost eine ganze Ausrüstung an der Gegenlichtblende tragen könnte. Bei Nichtbenutzung stülpt man die Gegenlichtblende einfach umgekehrt auf das Objektiv und verriegelt sie im gleichen Bajonett. Anschließend kann der Objektivdeckel wie gewohnt aufgesetzt werden. Diese Unterbringung ist extrem platzsparend, und die Gegenlichtblende ist jederzeit ohne Fummelei und ohne Suchen einsatzbereit. Beim Transport wirkt sie als zusätzlicher Objektivschutz.

Nachdem uns Canon die Verwendung dieser Gegenlichtblenden so leicht gemacht hat, gibt es wirklich keinen Grund mehr, sie nicht ständig zu benutzen. Eine Gegenlichtblende läßt Ihre Bilder brillanter, kräftiger und letzten Endes schärfer werden. Ein Objektiv ohne Gegenlichtblende ist «nackt». Deshalb der wohlgemeinte Rat: Ziehen Sie Ihren Objektiven etwas an, ganz gleich, unter welchen Lichtverhältnissen Sie fotografieren! Nehmen Sie die Bezeichnung Gegenlichtblende bitte nicht wörtlich! Dieser Ausdruck hat sich eingebürgert, ist jedoch sachlich viel zu restriktiv. Richtiger sollte man eigentlich von einer Streulichtblende sprechen.

Der Vollständigkeit halber erwähnen wollen wir hier noch den **Mikrofoto-Ansatz F,** der die Anbringung der AE-1 an jedem Mikroskop mit einem Tubus-Außendurchmesser von 25 mm gestattet und damit die Brücke zu Mikroskop-Aufnahmen schlägt. Der Ansatz besteht aus vier Teilen und eignet sich sowohl für Aufnahmen mit als auch ohne Mikroskopokular. Sollten Sie sich zu Versuchen auf diesem interessanten Gebiet entschließen, so achten Sie bitte auf möglichst schwingungsfreie Anbringung der Kamera. Bei ausladender Anbringung kann sich die Ausrüstung

Mikrofoto-Ansatz F

sonst richtiggehend aufschaukeln. Derartige Schwingungen würden die Mikroskop-Aufnahme durch die starke Vergrößerung auf dem Film unweigerlich ruinieren. Nach Möglichkeit sollte der Verschlußzeitenbereich zwischen 1/4 s und 1/15 s bei Mikroskop-Aufnahmen gemieden werden, da die Restschwingungen der Kamera in diesem Bereich am stärksten sind. Sichtbar werden diese Schwingungen jedoch allein bei den in der Mikroskop-Fotografie üblichen Vergrößerungen. In der normalen Fotografie bleiben sie ohne Folgen.

Wer häufig Reproduktionen von Schriftstücken und ähnlichen Vorlagen anfertigen muß, wird im **Repro-Stativ F** eine wertvolle Hilfe finden. Dieses kleine Tischstativ ist zusammenlegbar und besitzt vier ausziehbare Beine, die durch Indexmarken genau auf verschiedene Dokumentenformate eingestellt werden können. Das **Reproduktionsgestell 4** gestattet eine bequeme Befestigung der Kamera für Reproduktionen, Nahaufnahmen usw. Eine zusätzliche **Kamerahalterung F2** erhöht die Stabilität der Kamerabefestigung.

Zusatzobjektive – aber welche?

Eine Frage, die sich dem Amateur immer wieder von neuem stellt. Genaugenommen ist eine allgemeingültige Antwort kaum zulässig, denn jede Kaufentscheidung steht und fällt nun einmal mit dem geplanten Verwendungszweck. Ein Liebhaber der Tierfotografie wird eine andere Ausrüstung brauchen als der Landschafts- oder Blumenfotograf. Trotzdem möchte ich Ihnen einige In den letzten Jahren haben sich auch in der Kleinbildfotografie Vario-Objektive (Seite 200) immer mehr in den Vordergrund geschoben. Ihr Angebot ist in der Tat verlockend: mit einer einzigen Schiebe- oder Drehbewegung können Sie die Brennweite stufenlos innerhalb eines gewissen Bereiches verstellen, so daß ein Vario-Objektiv einem ganzen Satz festbrennweitiger Objektive in diesem Bereich gleichkommt. Eigentlich sogar noch viel mehr, denn Objektive fester Brennweite gibt es ja immer nur in gewissen sinnvollen Abstufungen. Zwischen 100, 135 und 200 mm zum Beispiel bleiben zwangsläufig Lücken, die ein Vario-Objektiv nicht kennt. Am besten bekannt ist der Effekt der stufenlosen Brennweitenverstellung sicher von der Schmalfilmkamera her. Dort hat man sich längst daran gewöhnt, den Bildausschnitt mit dem Vario-Objektiv so einzustellen, wie es für den Aufnahmezweck am günstigsten erscheint. Gleiches ist nun heute auch in der Kleinbildfotografie möglich. Suchen wir die Gegenargumente.

Das erste ist eigentlich keines mehr. Wenn nämlich zu Beginn ihrer Einführung die Vario-Objektive für ESR-Kameras bei weitem nicht an die optische Leistung normaler Objektive fester Brennweite heranreichten, so hat sich dieser Abstand inzwischen soweit verringert, daß Sie in der bildmäßigen Fotografie keinen Unterschied mehr wahrnehmen. Qualitätssorgen sind damit überflüssig. Es verbleibt selbstredend ein höheres Gewicht und eine zum Teil geringere Handlichkeit als bei Einzelobjektiven. Andererseits haben natürlich auch drei oder gar mehr Einzelobjektive ihr Gewicht und Volumen, das sich in der Universaltasche nicht verleugnen läßt.

Über einen Punkt jedoch müssen Sie sich beim Kauf eines Vario-Objektivs unbedingt klar sein: in bezug auf die Lichtstärke müssen Sie einen Kompromiß eingehen. Der Linsendurchmesser eines Objektivs einer bestimmten Lichtstärke muß mit zunehmender Brennweite immer größer werden. Daran kommt kein Konstrukteur vorbei. Wenn Sie sich die Tabelle der lieferbaren Objektive auf Seite 250 anschauen, werden Sie feststellen, daß die Lichtstärke der Objektive bei den längeren Brennweiten immer weiter absinkt. Einige sehr aufwendige Sonderkonstruktionen gibt es zwar, doch werden diese schnell zu «Glasklötzen». Daraus folgert, daß sich ein Vario-Objektiv grundsätzlich mit der für seine längste Brennweite gerade noch realisierbaren Lichtstärke bescheiden muß. Werfen wir zur Veranschaulichung einen kurzen Blick auf das von Canon gelieferte Vario-Objektiv mit dem größten Brennweitenbereich, das FD 1 : 4,5/85–300 mm SSC. Für die Brennweite 300 mm ist die Lichtstärke 4,5 ein recht akzeptabler Wert. Für – sagen wir – 200 mm ist sie schon nicht mehr so berauschend, und für den Bereich von vielleicht 150 mm bis hinunter zu 85 mm schließlich wäre sie für ein normales festbrennweitiges Objektiv indiskutabel.

Was steht diesen Vor- und Nachteilen nun auf seiten der festbrennweitigen Objektive gegenüber? Mir persönlich scheint ihr größtes Plus darin zu liegen, daß man für die jeweilige Brennweite die höchstmögliche Lichtstärke wählen kann. Gerade bei den etwas längeren Brennweiten werden dadurch die Objektive sehr oft überhaupt erst einsetzbar, denn je länger die Brennweite, um so kürzer müssen wir belichten, wenn wir Verwacklungsunschärfe ausschalten wollen. Bei einem Objektiv der Brennweite 200 mm zum Beispiel, das eine Verschlußzeit von mindestens $^1/_{250}$ s erfordert, ist es schon ein himmelweiter Unterschied, ob man die Lichtstärke 1 : 4,5 oder vielleicht 1 : 2,8 zur Verfügung hat.

Ein weiterer Vorteil der festbrennweitigen Objektive ist die Möglichkeit der speziellen Berücksichtigung bestimmter Anwendungsgebiete. So ist ein Makro-Objektiv 100 mm durch kein Vario-Objektiv zu ersetzen. Hier erweist sich eben jene konventionelle Starrheit, das Festhalten an einer bestimmten Brennweite, als ausgesprochen vorteilhaft.

Um die Gegenüberstellung zwischen festbrennweitigen und Vario-Objektiven abzuschließen, mag auch der Kostenfaktor noch erwähnt werden. Ein verhältnismäßig kompliziertes Vario-Objektiv ist meist teurer als ein Einzelobjektiv. So gesehen bedeutet das Vario-Objektiv eine höhere Investition von Anfang an, während man bei Anschaffung fester Brennweiten Schritt für Schritt vorgehen und seine Ausrüstung so ergänzen kann, wie es die Finanzen zulassen.

Nehmen wir an, Sie sind sich über diese Unterschiede klargeworden und haben sich für eine der beiden Alternativen entschieden. Bei den Vario-Objektiven kommt hinzu, daß Sie entweder den Bereich vom Weitwinkel bis zum Normalwinkel, den Bereich um die Normalbrennweite oder den langbrennweitigen Bereich wählen müssen. Sie können folglich nicht erwarten, ein Vario-Objektiv zu finden, das Ihnen vom Superweitwinkel bis zum Teleobjektiv sämtliche Brennweiten ersetzt.

Bei den kurzbrennweitigen, d. h. Weitwinkelobjektiven fiel die Wahl des Amateurs noch vor wenigen Jahren meist auf 35 mm. Inzwischen hat sich das Bild hier grundlegend geändert. Die Fortschritte der modernen rechnenden Optik auf dem Weitwinkelsektor sind enorm. So gibt es heute hochattraktive Objektive der Brennweiten 28 mm, 24 mm und kürzer, und immer häufiger findet man selbst sehr kurze Brennweiten – sogenannte Superweitwinkelobjektive – in den Händen von ernsthaften Amateuren. Als generelles Weitwinkelobjektiv zur Ergänzung eines Normalobjektivs würde ich Ihnen entweder die von der Tradition geheiligten 35 mm oder, wenn Sie einen Schritt weitergehen wollen, 28 mm empfehlen. Noch kürzere Brennweiten eröffnen zwar sehr reizvolle Möglichkeiten, lassen sich jedoch nicht mehr so universell einsetzen und eignen sich deshalb mehr als zweites, zusätzliches Weitwinkelobjektiv. Für eine umfangreichere Weitwinkelausrüstung würde ich Ihnen dann empfehlen entweder 35 mm und z. B. 28 mm oder aber 28 mm und 20 oder gar 17 mm.

Auf der Seite der längeren Brennweiten ist 135 mm die Norm für das Teleobjektiv in der Hand des Amateurs. Sie stellt einen sehr guten Kompromiß dar, wenn Sie vorhaben, sich nur ein Objektiv längerer Brennweite zu kaufen. Ich persönlich halte die gemäßigt längere Brennweite 85 mm für eine der interessantesten; ein «Teleobjektiv» im landläufigen Sinn ergeben 85 mm freilich noch nicht.

Sprachen wir bei den Weitwinkelobjektiven davon, daß sich in den letzten Jahren gerade auf dem Objektivsektor so manches geändert hat, so gilt dies zumindest in unserer heutigen Grundeinstellung gegenüber Zusatzobjektiven auch für die längeren Brennweiten. Eine Erweiterung des Bereiches der von Amateuren benutzten Brennweiten ist deshalb nicht nur nach unten, sondern gleichfalls nach oben zu beobachten. Das ist absolut folgerichtig, denn die Möglichkeiten einer ESR sind mit 135 mm bei weitem nicht ausgenutzt. Ein Objektiv 200 mm läßt sich noch bequem für Aufnahmen aus der Hand verwenden. Im Verein mit dem plastischen Reflexsucher Ihrer AE-1 wird es zum idealen Schnappschußobjektiv. In der Anwendung ist es weitaus vielseitiger als meist angenommen. Sie sollten die Anschaffung der Brennweite 200 mm deshalb ernsthaft erwägen. Erst oberhalb dieser Grenze werden die Anwendungsmöglichkeiten immer spezieller, der Gebrauch schwieriger und natürlich der Preis höher.

Zur Planung Ihrer persönlichen Ausrüstung noch zwei Tips:

1. Entscheiden Sie sich, wenn immer Sie es für wirtschaftlich vertretbar halten, für möglichst lichtstarke Objektive! Sie erhalten damit nicht nur ein noch helleres Sucherbild und eine Lichtreserve, sondern vor allem die Möglichkeit der kürzeren Belichtung – und damit schärfere Bilder – sowie des Arbeitens

mit selektiver Schärfe (Seite 103). Bei Weitwinkelobjektiven kommt die höhere Genauigkeit der Entfernungseinstellung hinzu.

2. Achten Sie bei der Planung Ihrer optischen Ausrüstung auch ein wenig auf die Filterdurchmesser der Objektive. Wenn Sie es irgendwie einrichten können, sollten möglichst viele Objektive den gleichen Filterdurchmesser haben. Das ist nicht nur für die Schwarzweißfotografie interessant, in der Sie ohne Farbfilter kaum auskommen, sondern auch im Hinblick auf alle möglichen Trick- und Spezialvorsätze, die Ihre fotografischen Möglichkeiten bei überlegter und nicht übertriebener Anwendung außerordentlich erweitern.

Wie überall im Leben schließen sich einige der aufgestellten Forderungen gegenseitig aus. Die Kunst besteht darin, für **Ihre** Zwecke den bestmöglichen Kompromiß zu finden.

Das FD-Objektivprogramm

Die Vielfalt der für die AE-1 von Canon gelieferten Objektive ist so groß, daß Sie die Wahl einige Qual kosten wird. Andererseits ist es ein sehr beruhigendes Gefühl zu wissen, daß einem optisch mit einer Kamera nichts passieren kann. Aus eigener Erfahrung kann ich Ihnen bestätigen, daß die Objektive im Canon-Programm Spitzenprodukte sind. Mit Ausnahme ganz weniger «Exoten» hatte ich Gelegenheit, praktisch alle diese Objektive in der Praxis zu erproben. In keinem einzigen Fall gab es Enttäuschungen.
Eine Kamera wie die AE-1 kann sich erst mit Wechselobjektiven voll entfalten. Und wenn Sie einmal mehrere Objektive zu dieser Kamera besitzen, dann tragen Sie sie bitte nicht nur spazieren, sondern fassen Sie die Bezeichnung Wechselobjektive bitte ganz wörtlich auf: wechseln, wechseln, und noch einmal wechseln! Das Canon-Bajonett hält es aus! Überwinden Sie Ihre Bequemlichkeit und spielen Sie jeden Brennweiten-Trumpf aus, den Sie besitzen! Dann – und nur dann – war die Wahl Ihrer Ausrüstung eine gute.

Wenn ich hier vom FD-Programm spreche, so zähle ich dazu auch jene vereinzelten Ausreißer, die eine andere Bezeichnung, wie beispielsweise FL oder TS, tragen und damit dokumentieren, daß sie nicht für Belichtungsautomatik geeignet sind. Bei diesen Ausreißern handelt es sich ausschließlich um einige wenige Spezialobjektive. Grundsätzlich bietet Ihnen das FD-Programm den nicht zu unterschätzenden Vorteil, daß die Objektive zu jeder anderen Canon-Reflex passen (mit Ausnahme der inzwischen ausgelaufenen EX Auto). Sollten Sie sich irgendwann ein zweites Gehäuse kaufen und sich dabei zur Ergänzung Ihrer Ausrüstung für eine andere Canon-Reflex entscheiden, so bleibt Ihre optische Ausrüstung universell einsetzbar.

Bevor wir uns voll den einzelnen Objektivgruppen zuwenden,

möchte ich Ihnen noch einen kleinen Einblick in einige technische und optische Details geben, die den hohen Entwicklungsstand unter Beweis stellen, den Canon als führender Hersteller auf diesem Gebiet erreicht hat.

Was ist Vergütung?

Wir alle kennen Spiegelungen an Glasflächen. Wo Glas und Luft aufeinanderstoßen, wird ein Teil des auftreffenden Lichts zurückgeworden. Genau das jedoch sollen die Linsen in unseren Objektiven – und in den aufwendigen modernen Systemen sind es ja oft eine ganze Menge – nicht tun. Sie sollen möglichst alles Licht durchlassen, damit es erstens auf den Film einwirken kann und zweitens nicht als sogenannter vagabundierender Anteil im Strahlengang umherirrt und sich unserer Aufnahme als leichter grauer Schleier überlagert.

An einer nicht vergüteten – oder, wie man in der Fachsprache auch noch sagt, nicht entspiegelten – Glas-Luft-Fläche werden 4 % des auftreffenden Lichts reflektiert. Wenn Sie sich jetzt vor Augen halten, daß in modernen Hochleistungsobjektiven sechs oder sieben Linsen keine Seltenheit sind und über 10 Glas-Luft-Flächen schnell zusammenkommen, zeigt ein einfaches Rechenexempel, wieviel Licht in einem solchen System niemals «ankommen» würde: bei nur 10 Glas-Luft-Flächen sind es schon 40 %. In diesem Maße also sinkt allein die Lichtstärke des Objektivs. Daraus wird ersichtlich, daß moderne viellinsige Systeme ohne eine wirksame Vergütung zur Verringerung dieser Reflexion überhaupt nicht realisierbar wären. Man dampft den Linsenoberflächen aus diesem Grund im Hochvakuum mikroskopisch dünne Schichten auf, mit deren Hilfe es möglich ist, die Reflexion pro Grenzfläche im günstigsten Fall auf den theoretischen Wert von 0,2 % herabzudrücken. Diese Vergütungsschichten geben unseren Objektiven auch jenen farbigen Schimmer, denn man benutzt sie nicht nur zur Reflexminderung, sondern gleichzeitig zur Farbabstimmung. Durch seine Zusammensetzung und seine Konstruktion gibt nämlich jedes Objektiv ein Bild etwas unterschied-

An einer nicht vergüteten Glas-Luft-Fläche gehen etwa 4 % des auftreffenden Lichts als Reflexion verloren. Sehr allgemein ausgedrückt, läßt sich diese Reflexion mit einer guten Einschichtenvergütung bis auf etwa 2 % verringern. Mit Super-Spectra-Vergütung schließlich sinkt der Prozentsatz des reflektierten Lichts je nach der (unten in Nanometer angegebenen) Wellenlänge des Lichts auf Bruchteile von einem Prozent.

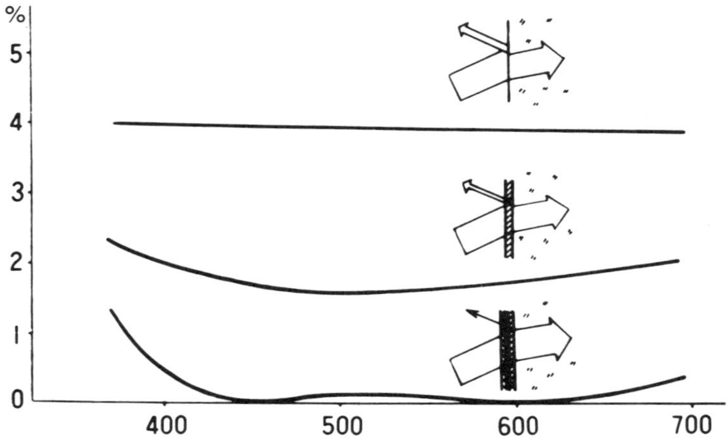

licher Tönung wieder – einmal wärmer, einmal kälter. Hier erweist sich die Vergütung als eine willkommene Möglichkeit zum Ausbalancieren der Farbwiedergabe, so daß Sie in der Literatur oft den Ausdruck des Farbgleichgewichts in einer Objektivreihe finden. Damit wird auch verständlich, warum manche Objektive einen leicht bläulichen Schimmer, andere wieder einen bräunlichen oder rötlichen zeigen.

Canon-Objektive sind entweder mit «SC» oder mit «SSC» graviert. Im ersteren Fall handelt es sich um die Einschichtenvergütung Spectra Coating, im letzteren um die Mehrschichtenvergütung Super Spectra Coating. Die Mehrschichtenvergütung ist ein etwas neueres Verfahren, bei der man einzelnen Linsen eines optischen Systems je nach den Erfordernissen mehrere reflexmindernde Schichten aufdampft. Bitte verfallen Sie nicht in den

Fehler, Objektive mit der Gravur «SC» nun als minderwertiger abzutun. Die zur wirksamen Entspiegelung eines Objektivs erforderlichen Maßnahmen richten sich nämlich weitgehend nach der verwendeten Glassorte und deren Brechungsindex sowie dem Linsenradius und der Stellung der Linse im System. In einem Objektiv finden Sie normalerweise Linsen aus mehreren verschiedenen Glassorten, die somit auch unterschiedliche Anforderungen an die Vergütung stellen. Bei gewissen Systemen läßt sich mit einer guten Einschichtenvergütung wie der Spectra Coating eine voll ausreichende, hochwertige Entspiegelung erzielen. Bei anderen Systemen wiederum bringt eine differenziert eingesetzte Mehrschichtenvergütung, also die Super Spectra Coating, bei einzelnen Linsen noch eine Verbesserung. Es entscheiden somit allein konstruktive Gegebenheiten darüber, welches Vergütungsverfahren Canon anwendet. In beiden Fällen können Sie sicher sein, daß Sie ein hochwertiges Objektiv in den Händen halten.

Reflexminderung an allen Ecken und Enden

Diese Überschrift dürfen Sie ganz wörtlich verstehen, denn gemeint sind die zahllosen Ecken, Kanten und Ränder, die dem Licht in einem Objektiv Gelegenheit geben, gewissermaßen vom Pfad der Tugend abzuweichen und in einer Richtung spazieren zu gehen, die nicht im Sinne der optischen Abbildung liegt.

Man gibt heutzutage in der Optik enorme Summen dafür aus, die Leistung der an sich schon hochwertigen Objektive immer weiter hochzukitzeln, indem man dem eigentlichen optischen System durch unterstützende Maßnahmen hilft, seine Arbeit noch besser zu verrichten. Gerade Canon hat sich auf diesem Gebiet eine Menge einfallen lassen und eigene Verfahren entwickelt, die inzwischen auch zum Großteil patentrechtlich geschützt sind. So winzige Kleinigkeiten wie der glatte Vorderrand eines Fassungsrings oder ein freiliegender Linsenrand im Innern des Systems können sich bereits auf die Allgemeinreflexion auswirken. Ein glatter Rand nämlich reflektiert das Licht beispielsweise bei ei-

①

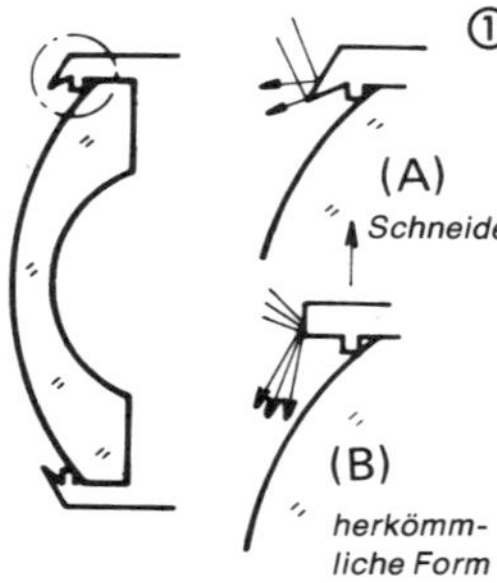
(A)
Schneide
(B)
herkömm-
liche Form

②

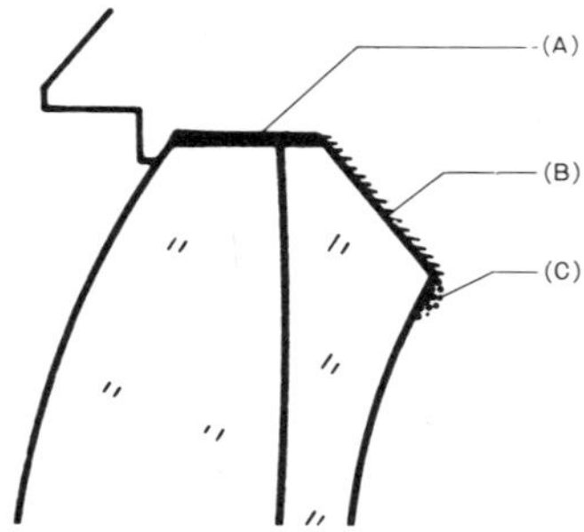
(A)
(B)
(C)

③

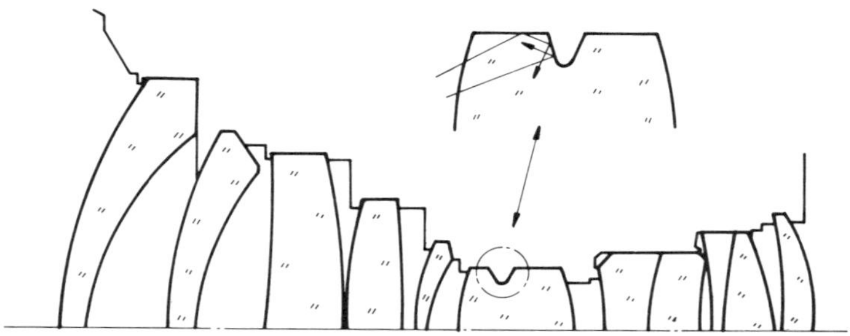

④

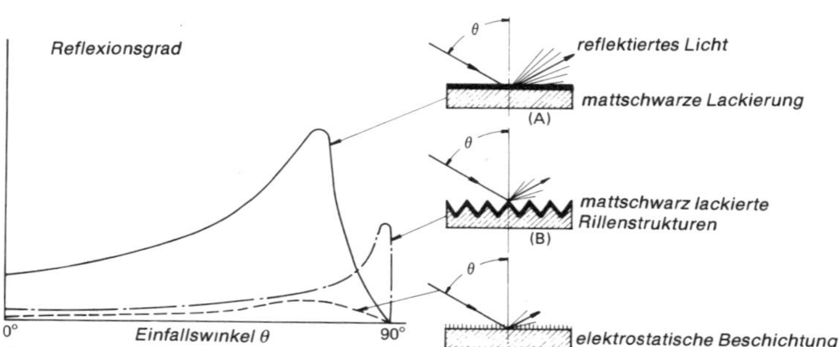
Reflexionsgrad
0°
Einfallswinkel θ
90°
θ
reflektiertes Licht
mattschwarze Lackierung
(A)
mattschwarz lackierte
Rillenstrukturen
(B)
elektrostatische Beschichtung
(C)

①

Am Beispiel des Canon-Fischaugen-Objektivs 7,5 mm zeigen sich die Vorteile, die allein die Ausbildung der vorderen Objektivfassung in Form einer Schneide für die Reflexminderung haben kann.

②

Diese Zeichnung illustriert, wie allein der Rand eines Kittglieds zur optimalen Unterdrückung von Streulicht auf drei verschiedene Arten behandelt wird. (A) stellt eine außerordentlich dünne Schicht eines ultra-feinkörnigen Materials dar, da an dieser Stelle die Zentriergenauigkeit der Linse nicht beeinträchtigt werden darf. (B) bezeichnet eine besonders dicke Schicht und (C) einen Speziallack, der gegen Lösungsmittel, wie sie in diesem Bereich zur Linsenreinigung verwendet werden, beständig ist.

③

Langjährige Erfahrung führte zur Entwicklung kleiner Tricks, wie derartiger schneidenförmiger Einkerbungen innerhalb des optischen Systems, die wiederum an besonders kritischen Stellen gewisser Objektive die Anfälligkeit gegen Streulicht verringern können.

④

Die Wirksamkeit der von Canon verwendeten elektrostatischen Beschichtung von Fassungsteilen und ähnlichem innerhalb der Objektive verdeutlichen diese schematischen Darstellungen. Während herkömmliche mattschwarze Lackierung (A) bei bestimmten Einfallswinkeln – wie z. B. im hinteren Tubus von Teleobjektiven – eher noch zu einer Verstärkung der Reflexion führt, bringt die Verwendung mattschwarz lackierter Rillenstrukturen (B) eine Verringerung um nur 10–20 % des reflektierten Lichts. Dieses Verfahren wird heute noch von den meisten Herstellern angewandt. Bei Verwendung der besonderen elektrostatischen Beschichtung von Canon (C) hingegen verringert sich der Reflexionsgrad gegenüber (A) auf 1 %.

nem Fischaugenobjektiv auch in Richtung der Frontlinse. Bildet man diese Vorderkante jedoch in Form einer Schneide aus, läßt sich diese unerwünschte Reflexion in Richtung der Linse praktisch völlig unterbinden.

Auch bei der Entspiegelung von Linsenrändern im Innern des Systems treibt Canon einen besonderen Aufwand. Nach gleich drei verschiedenen Verfahren wird, wie die Zeichnungen zeigen, der Rand eines Kittglieds entspiegelt.

Besonders bewährt hat sich ein von Canon entwickeltes Verfahren der elektrostatischen Beschichtung der Tubus-Innenseiten mit winzigen Kunststoffteilchen. Denn auch der Innentubus einer Objektivfassung reflektiert – insbesondere bei Objektiven größerer Baulänge – noch erkleckliche Mengen Licht. Der neue elektrostatische Belag hat sich allen bisherigen Verfahren wie Rillenstrukturen, Mattlackierung und ähnlichem haushoch überlegen erwiesen und wird heute von Canon im großen Stile angewandt. Das Material findet auch auf der Innenseite von Gegenlichtblenden Verwendung.

Automatischer Korrektionsausgleich

Eine Besonderheit möchte ich Ihnen an dieser Stelle noch erläutern, die Canon in gewissen Fällen anwendet, um die Abbildungsleistung eines Objektivs auch dann auf höchstem Stand zu halten, wenn sie normalerweise bei kurzen Einstellentfernungen immer mehr absinken müßte. Es handelt sich dabei um den sogenannten automatischen Korrektionsausgleich, für den Sie in der Literatur auch noch Bezeichnungen wie «floating elements» oder «floating focusing» finden werden. Aber wir wollten ja eigentlich Deutsch miteinander reden.

Bei gewissen Objektivkonstruktionen – primär sind es die Weit- und Superweitwinkelobjektive – besteht die Gefahr, daß die Abbildungsleistung stark nachläßt, wenn man das Objektiv auf eine Entfernung einstellt, die beträchtlich von jenem unendlichen Abstand abweicht, für den fotografische Objektive nun einmal nor-

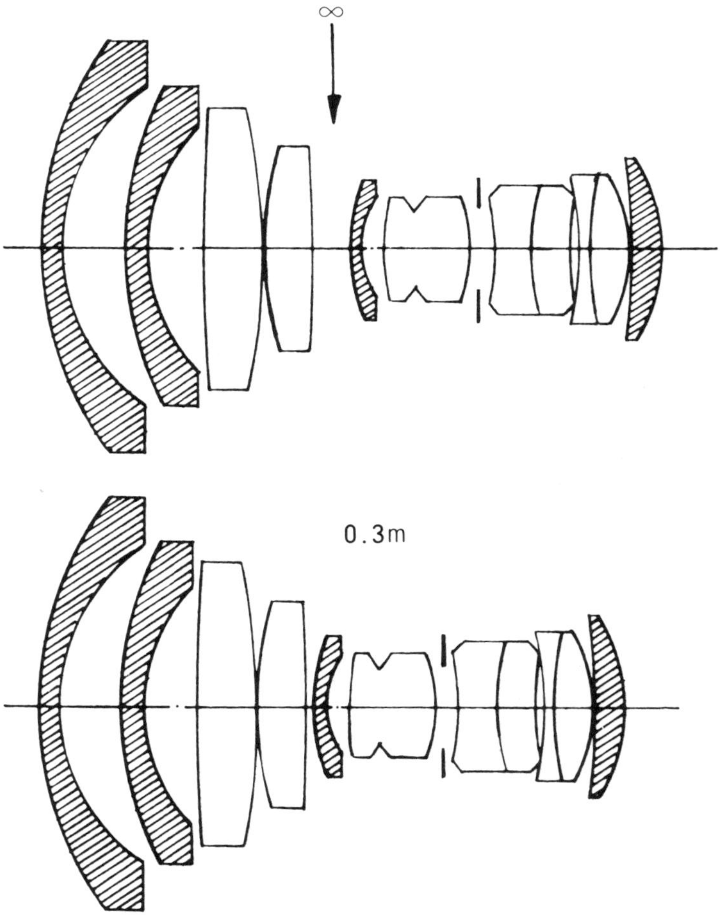

Diese Linsenschnitte des FD 1:4/17 mm SSC verdeutlichen die Funktion des automatischen Korrektionsausgleichs. Während in der Unendlich-Stellung ein deutlicher Luftabstand zwischen vorderer und hinterer Objektivhälfte besteht, hat sich die hintere Hälfte des Systems bei Naheinstellung auf 0,3 m bis dicht an die vordere herangeschoben.

malerweise gerechnet werden. Um diesem Leistungsabfall entgegenzuwirken, bedient sich Canon des Tricks, gewisse Teile des optischen Systems bei der Fokussierung untereinander zu verschieben, also die Luftabstände im Objektiv zu verändern. Je nach Objektivtyp kann es sich bei diesem beweglichen Teil des Systems um die Hinterlinse oder auch um einen ganzen Komplex von Gliedern handeln. Die Abbildungen verdeutlichen das Prinzip.

Normalobjektive

Es hat sich in der Kleinbildfotografie eingebürgert, die Brennweite um 50 mm als «normal» zu bezeichnen. Diese Standardobjektive, wie sie auch genannt werden, ergeben eine Abbildung, die in großen Zügen unserem Augeneindruck entspricht. Sie eignen sich damit gewissermaßen als Ausgangspunkt für eine Ausrüstung, die man später ganz nach Gusto und Geldbeutel ergänzen kann. Denn im allgemeinen darf man wohl davon ausgehen, daß sich der Käufer einer AE-1 irgendwann auch Zusatzobjektive kaufen wird.

Gerade in jüngster Zeit ist in der Fachliteratur recht häufig über das Thema der Normalobjektive diskutiert worden. Immer mehr Fachleute vertreten nämlich die Meinung, daß Normalobjektive eigentlich ein Anachronismus seien. Normal müsse hier eher mit «langweilig» gleichgesetzt werden. In der Tat gibt es zahllose Beispiele dafür, daß jene, die von der Fotografie leben, für den Normalfall entweder zu einer kürzeren oder zu einer längeren Brennweite tendieren. Welcher der beiden Richtungen sie sich dabei anschließen, hängt weitgehend von der Art der Aufnahmen und dem persönlichen Stil des Fotografen ab.

Wenn ich versuche, aus meiner eigenen Praxis Schlüsse zu ziehen, so muß ich bekennen, daß auch mein Normalobjektiv meist in der Tasche bleibt. Hin und wieder finde ich meine persönliche Leib-und-Magen-Brennweite 85 mm zu lang und greife zu 50 mm. Doch das ist selten genug.

In einem Punkt jedoch sind Normalobjektive meist unersetzlich: gewöhnlich bieten sie durch hohe Lichtstärke eine beachtliche Lichtreserve – und auf die kann man eigentlich nicht grundsätzlich verzichten. Dies ist auch genau das primäre Anwendungsfeld meines eigenen Normalobjektivs. Sobald ich «Klimmzüge» machen muß, um mit dem Licht überhaupt noch auszukommen, muß das Normalobjektiv einspringen.

Da Normalobjektive nun einmal so «normal» sind, daß sie gewöhnlich mit der Kamera gekauft werden, sind es jene Objektive, die in den größten Stückzahlen gefertigt und deshalb auch am preiswertesten verkauft werden können. So gesehen sind sie sicher kein schlechter Start für eine eigene Ausrüstung. Im Canon-Programm finden Sie drei verschiedene Ausführungen: in der Grundausstattung wird die AE-1 mit dem **FD 1:1,8/50 mm SC** geliefert, das mit einer ausgezeichneten Abbildungsleistung aufwartet und in seiner jetzigen Ausführung auf äußerste Kompaktheit getrimmt wurde. Als Alternative gibt es das um eine halbe Blende lichtstärkere **FD 1:1,4/50 mm SSC,** das gleichfalls eine für die bildmäßige Fotografie hervorragende Korrektion auf-

FD 1:1,4/50 mm SSC

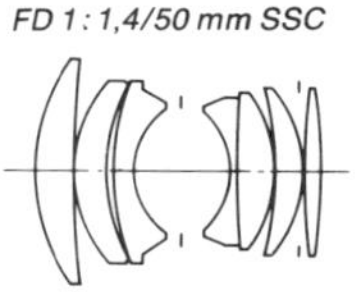

FD 1:1,8/50 mm SC

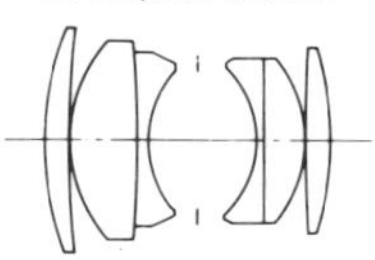

FD 1:1,2/55 mm

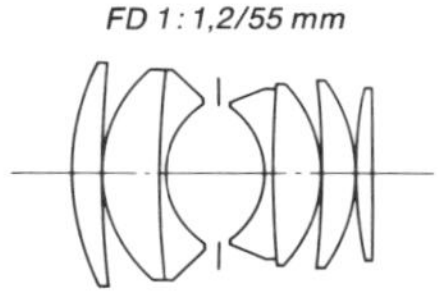

weist. Und wem auch diese Lichtstärke noch nicht hoch genug ist, der kann sich für das wiederum um eine halbe Blende lichtstärkere **FD 1:1,2/55 mm SSC** entscheiden, das für seinen höheren Preis auch ein deutliches Mehr an Volumen und Gewicht mitbringt.
Natürlich können Sie auch eigene Wege gehen und sich von Anfang an auf zwei Objektive etwas abweichender Brennweite statt eines Normalobjektivs festlegen. Das mag Sie für Hersteller und Händler zu einem etwas unbequemen Kunden machen, doch Leute, die nachdenken, waren schon immer unbequem. Eine vorzügliche Kombination wären in diesem Fall das FD 1:1,8/85 mm SSC und das FD 1:2/35 mm SSC. Diese Objektive sind beide sehr lichtstark, so daß Sie einen gewissen Ersatz für die fehlende hohe Lichtstärke z. B. des FD 1:1,4/50 mm SSC hätten. Natürlich müssen Sie sich darüber im klaren sein, daß sich damit auch die Anschaffungskosten der Grundausrüstung beträchtlich erhöhen. Einzelheiten über diese beiden Objektive finden Sie in der Gruppe der langbrennweitigen bzw. Weitwinkelobjektive.

Eine weitere Alternative bietet sich an: ein sogenanntes Makro-Objektiv. Warum sich Makro-Objektive vorzüglich als Normalobjektive eignen, erkläre ich Ihnen auf Seite 229.

Vielleicht vermissen Sie unter den Normalobjektiven die Aufzählung des FD 1:1,2/55 mm SSC AL. Vom Bildwinkel her gesehen gehört es natürlich zu den Normalobjektiven. Auf Grund seiner konstruktiven Besonderheiten habe ich es jedoch dem Kapitel über asphärische Objektive zugeordnet.

Weitwinkelobjektive

Lassen Sie uns in dieser Rubrik zunächst erst einmal untersuchen, was Ihnen im mehr oder weniger gemäßigten Weitwinkelbereich bis 28 mm Brennweite im Canon-FD-Programm zur Verfügung steht. Dieser Bereich dürfte auf der Seite der kurzen Brennweiten für die Zwecke des Amateurs in erster Linie interessant sein.

So praktisch eine einäugige Spiegelreflexkamera ist, bietet sie für kurze Brennweiten doch einen Nachteil: der Schwingspiegel im Kameragehäuse, der allein das Reflexprinzip ermöglicht, hat unweigerlich einen bestimmten Platzbedarf, an dem sich nicht rütteln läßt. Für den Optiker bedeutet das, daß er sein Weitwinkelobjektiv nicht so nah an die Filmebene heranrücken kann, wie es der Brennweite nach eigentlich nötig wäre. In den Anfängen half man sich dadurch, daß man den Schwingspiegel hochklappte und dort verriegelte. Damit jedoch war die ganze schöne Reflex keine Reflex mehr. Inzwischen hat man längst einen Dreh gefunden, diesen mechanischen Nachteil optisch zu überspielen, und zwar mit der sogenannten **Retrofokus**-Bauweise. Nach diesem Konstruktionsprinzip lassen sich selbst extrem kurzbrennweitige Objektive bauen, die eine ausreichend große **Schnittweite** besitzen. Hierunter versteht man den Abstand vom letzten Linsenscheitel bis zur Bildebene. So sind alle kurzbrennweitigen Objektive für die AE-1 Retrofokus-Konstruktionen. Die Reflex darf Reflex bleiben.

Weitwinkelobjektive verhelfen Ihnen zur Abbildung größerer Räume vom gleichen Standpunkt aus. Sie eignen sich damit für Aufgaben wie z. B. die Landschaftsfotografie oder Architekturfotografie, jedoch ebenso für Schnappschüsse auf kürzere Distanz, bei denen man die diesen Objektiven kurzer Brennweite eigene große Schärfentiefe ausnutzen kann, um ohne Scharfeinstellung im Sucher, lediglich mit grob am Objektiv eingestellter Entfernung, Situationen zu meistern, in denen es bewegt zugeht und bei denen die Zeit für eine Einstellung auf der Mattscheibe einfach nicht ausreicht.

Zwei wesentliche Voraussetzungen gelten für Aufnahmen mit Weitwinkelobjektiven:

1. Vermeiden Sie jede Kameraneigung, solange sich Gebäude oder ähnliche von Menschenhand geschaffene Gegenstände im Bild befinden. Eine solche Neigung bringt Ihnen nämlich nur stürzende Linien ein (siehe Seite 112) und verdirbt Ihre Aufnahme. In der Natur hingegen dürfen Sie die Kamera nei-

gen; hier fällt dieser Effekt erst in extremen Fällen auf. Von dieser Regel ausgenommen sind extreme Blickwinkel und Standpunkte, die auch oder gerade mit einem Weitwinkelobjektiv sehr bildwirksam sein können.

2. Achten Sie stets auf eine klare Tiefenstaffelung. Eine Weitwinkelaufnahme ohne Vordergrund ist meist unansehnlich.

Und noch etwas: Versteifen Sie sich nicht darauf, ausgerechnet Porträtsitzungen mit einem Weitwinkelobjektiv machen zu wollen. Um Ihr Modell einigermaßen groß abzubilden, müßten Sie sehr nah herangehen. Die Folge wären optische Verzerrungen, die jedoch nichts mit Verzeichnung zu tun haben. So kommt es zu den riesigen Nasen, verzerrten Köpfen oder Gliedern, die sich in erster Linie für Ulkaufnahmen eignen.

Die traditionelle, gemäßigte Weitwinkelbrennweite ist bei Canon mit zwei Objektiven vertreten: dem preisgünstigen, besonders kompakten **FD 1:3,5/35 mm SC** und dem anspruchsvollen **FD 1:2/35 mm SSC,** das sich wegen seiner hohen Lichtstärke auch als «Normalobjektiv» für jene eignet, die zur kürzeren Brennweite tendieren. Es ist offensichtlich, daß die um $1\frac{1}{2}$ Blendenstufe höhere Lichtstärke dieses Objektivs ebenso wie sein automatischer Korrektionsausgleich einen nicht unwesentlich höheren Aufwand erfordert. Beide diese Objektive bilden einen Winkel von 63° ab.

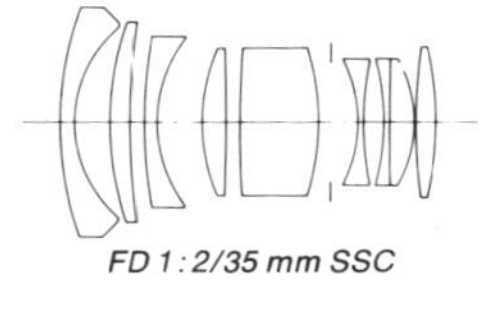

FD 1:2/35 mm SSC

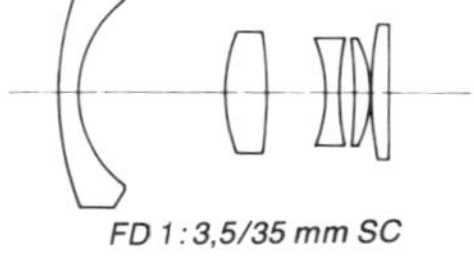

FD 1:3,5/35 mm SC

FD 1:2,8/28 mm SC

FD 1:2/28 mm SSC

Eine Ausdehnung des Bildwinkels auf 75° bringen uns die beiden Canon-Objektive der Brennweite 28 mm. Dabei ist das **FD 1:2,8/28 mm SC** wiederum eine sehr kompakte Konstruktion, die sich mit einem Gewicht von nur 280 g und einer Baulänge von ganzen 49 mm bescheidet. Ihm zur Seite steht neuerlich eine sehr lichtstarke Version, das **FD 1:2/28 mm SSC.** Für die schon recht kurze Brennweite 28 mm ist eine so hohe Lichtstärke nur unter beträchtlichem Aufwand zu erreichen, wenn die Leistung des Objektivs nicht darunter leiden soll. Je größer nämlich der Bildwinkel, um so stärker nehmen Bildfehler wie Astigmatismus und Verzeichnung zu, während die sphärische Aberration mit höherer Lichtstärke immer schwieriger zu beherrschen ist. Trotz dieser grundsätzlichen konstruktiven Schwierigkeiten darf dem FD 1:2/28 mm SSC eine hervorragende Abbildungsleistung bescheinigt werden. Ein automatischer Korrektionsausgleich hält diese hohe Leistung über den gesamten Einstellbereich bis zur kürzesten Einstellentfernung von 0,3 m aufrecht.
Sämtliche der hier genannten Weitwinkelobjektive besitzen ein Filtergewinde mit 55 mm Durchmesser – eine sehr erfreuliche Standardisierung, die eine Menge Geld, Volumen und Gewicht sparen hilft.

Langbrennweitige Objektive

Man nennt sie schlechthin Teleobjektive, obwohl diese Bezeichnung nicht in jedem Fall zutreffen muß. Sie kennzeichnet nämlich nicht einfach ein Objektiv längerer Brennweite – wie vielfach angenommen wird, sondern ein bestimmtes Konstruktionsprinzip. Bei einem langbrennweitigen Objektiv im allgemeinen Sinn entspricht der Abstand von der Hauptebene des Systems bis zur Bildebene der Brennweite. Ein echtes Teleobjektiv basiert auf einer Umkehrung des Retrofokus-Typs und läßt sich damit kürzer und kompakter bauen, als dies seiner Brennweite nach eigentlich der Fall sein müßte. Die echte Telekonstruktion wird deshalb heute überwiegend verwendet, wie es sich auch im Canon-Programm niederschlägt. Nur ein einziges Objektiv – das FD 1 : 1,8/85 mm SSC – ist keine Telekonstruktion.

Daß Teleobjektive einen immer kleiner werdenden Bildwinkel im Kleinbildformat 24 mm × 36 mm unserer Kamera abbilden, hatten wir uns bereits im Zusammenhang mit der Brennweite klargemacht. Kleinerer Bildwinkel bedeutet ein «Heranholen» von Details. Langbrennweitige Objektive schlagen damit optisch Brükken zu weiter entfernt liegenden Objekten oder bilden näherliegende Objekte entsprechend größer ab als ein Normal- bzw. Weitwinkelobjektiv.

Zu allem Anfang und mit aller Deutlichkeit sei hier gesagt, daß langbrennweitige Objektive von ungeahnter Vielseitigkeit sind und zu den ausgesprochenen Delikatessen gehören. Machen Sie sich bitte von der Vorstellung frei, ein Teleobjektiv sei zwar ganz schön, um gelegentlich etwas «Fernes» heranzuholen, im Grunde genommen brauche man es jedoch eigentlich recht selten. Und überhaupt, es raffe ja die Perspektive, so daß es schon allein wegen seiner etwas anderen Darstellung nicht zu den Objektiven gehöre, die man laufend einsetzt. Weit gefehlt! Wer den Zauber der langen Brennweite einmal entdeckt und erfahren hat, daß eigentlich gerade die lange Brennweite der kürzeste und sicherste Weg zu besseren Bildern ist, der wird ihr wahrscheinlich für immer verfallen. Das fängt schon bei 85 mm an. Das FD 1 : 1,8/85

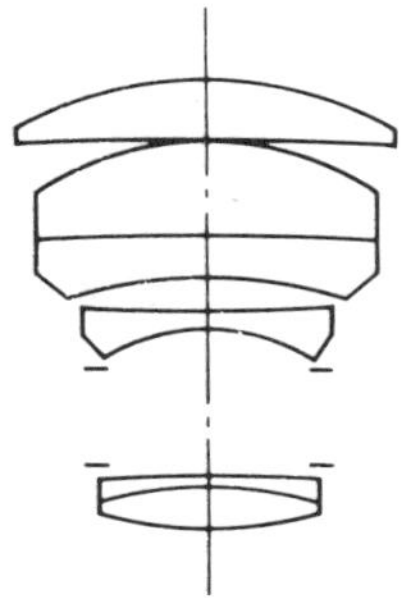

mm SSC unterscheidet sich äußerlich kaum vom lichtstarken Normalobjektiv und führt doch schon zu einer ganz anderen Darstellung. Die 85 mm ergeben eine für das Auge wohltuende Perspektive, so daß ich persönlich gerade dieses Objektiv viel lieber verwende als das Normalobjektiv. Hinzu kommt, daß seine Lichtstärke trotz der längeren Brennweite der des einen Normalobjektivs der AE-1 ebenbürtig ist und um nur eine halbe Blende unter jener des FD 1:1,4/50 mm SSC liegt. Diese Kombination aus Lichtstärke und leicht verlängerter Brennweite macht das FD 1:1,8/85 mm SSC zu einem vorzüglichen Universalobjektiv. Zudem ist es angenehm, den Dingen physisch nicht ganz so nahetreten zu müssen wie mit der Normalbrennweite. Mit dem Abstand wächst meist auch die Unbefangenheit. Die längere Brennweite hilft, Unwesentliches wegzulassen und den Bildaufbau zu straffen.

Überhaupt sind langbrennweitige Objektive ideale «Knüllermacher». Durch das Herauspicken von Details führen sie nämlich zwangsläufig zu jener Darstellung, die in der Fotografie meist am wirkungsvollsten ist: zur Großabbildung. Wenn Sie z. B. ein 200-mm-Objektiv in der Kamera haben, dann können Sie einfach nicht umhin, die Dinge in Ihrer näheren Umgebung im Detail, ausschnitthaft, darzustellen. Und plötzlich haben Sie die Köpfe der Personen so groß im Sucher, daß Ihnen allein schon diese Darstellung momentan den Atem nimmt. Der Hintergrund versinkt bei kürzeren Distanzen in schemenhaftes, flaumiges Nichts. Die Schärfentiefe bei dieser Brennweite ist so gering, daß sich der eigentliche Aufnahmegegenstand mit sonst nicht zu erreichender Plastik abhebt. Gesteigert wird dieser Effekt durch eine möglichst große Blende.

Eines wäre also klar: Personen, Porträts und lange Brennweiten gehören zusammen. Dabei qualifiziert sich das FD 85 mm schon recht gut für die Porträtsitzung zu Hause. Mit dem FD 135 mm geht es noch besser. Und im Freien geht es mit dem FD 200 mm **noch** besser.

Doch Menschen und Schnappschüsse von ihnen sind nur ein Beispiel. Auch in der Landschaftsfotografie hat das Teleobjektiv durchaus seinen Platz. Während es im allgemeinen heißt, der Landschaftsaufnahme durch einen geeigneten Vordergrund den richtigen Rahmen, die Tiefe zu verleihen, brauchen Sie in der Telefotografie lediglich den Vorder- durch den Mittelgrund zu ersetzen. So muß auch Aufnahmen mit langbrennweitigen Objektiven durchaus nicht die durch einen vermeintlichen Vordergrund geschaffene Plastik fehlen. Hier bewährt sich neuerlich der Sucher Ihrer AE-1: er ist ein Motivsucher par excellence. Auf der Mattscheibe können Sie die Bildwirkung genauestens beurteilen. Und so fällt es Ihnen nicht schwer, jene Details im Mittelgrund zu entdecken, die einen prächtigen Vordergrund für Ihre Teleaufnahme abgeben.

Wie geschaffen sind Teleobjektive jedoch auch im nahen und mittleren Bereich für Detailstudien, die häufig viel mehr über eine Landschaft, ein Land, eine Stimmung aussagen als eine kurzbrennweitige Übersichtsaufnahme. Die Ecke eines Fensters, von der sich ein fotogener Schatten über eine bucklige, im streifenden Licht plastisch beleuchtete Wand schräg nach unten stiehlt. Eine Reihe bunter Wimpel im Wind; das Spiel des Lichts auf einer weißgetünchten Mauer. Hier zwingt uns die lange Brennweite geradezu jene fotografische Grundregel auf, die da sagt, weniger sei mehr.

Wer sich schon einmal mit Tieraufnahmen versucht hat, der weiß, daß die lange Brennweite hierfür eine fast unabdingbare Voraussetzung ist. Sicherlich ist es ein Unterschied, ob Sie in den heimatlichen Bergen den Gemsen auflauern oder mit dem Safaribus durch afrikanische Wildreservate ziehen. Im ersteren Fall haben Sie ohne ein Fernobjektiv (Seite 214) wenig Chancen, das Wild in akzeptabler Größe auf den Film zu bannen. Im letzteren Fall kommen Sie mit Brennweite 135 mm und 200 mm schon recht weit. Die gleichen Brennweiten verhelfen Ihnen zu wirkungsvollen Tieraufnahmen im Zoo.

Und schließlich sollten Sie die Eignung langbrennweitiger Objektive für Aufnahmen an der unteren Grenze ihres Einstellbereichs nicht übersehen. Gerade Objektive wie das FD 1 : 2,8/200 mm SSC, das einen sehr langen Schneckengang besitzt und sich deshalb auf verhältnismäßig kurze Entfernungen einstellen läßt, eignen sich vorzüglich hierfür. Als zusätzlicher Vorteil kommt hinzu, daß Ihnen das Teleobjektiv einen sehr großen Arbeitsabstand läßt und Sie damit in die Lage versetzt, selbst solche Dinge noch groß aufs Bild zu bringen, die mit einer Normalbrennweite überhaupt nicht zugänglich wären. Bei Aufnahmen von kleineren Tieren ist ein großer Arbeitsabstand sowieso meist unerläßliche Voraussetzung.

Über das **FD 1 : 1,8/85 mm SSC** habe ich bereits genügend Loblieder gesungen. Es ist nur wenige Millimeter länger als das Normalobjektiv 1 : 1,4, bildet jedoch im Vergleich zu den 46° des Normalobjektivs nur noch einen Bildwinkel von 29° ab. Seine optische Leistung ist ausgezeichnet. So läßt sich seine hohe Lichtstärke voll ausnutzen. Lichtstärke und verlängerte Brennweite ergeben eine bereits merklich geringere Schärfentiefe und erleichtern damit das Arbeiten mit selektiver Schärfe. Erfreulicherweise besitzt auch dieses Objektiv den Standarddurchmesser 55 mm für Filter.

Auf Seite 228 werden wir noch über einen ultralichtstarken Vertreter dieser Brennweite sprechen.

Ein ausgesprochenes Kompaktobjektiv längerer Brennweite ist das **FD 1 : 2,8/100 mm SSC**, an dem der Unterschied zwischen normaler und Telekonstruktion so recht deutlich wird. Trotz seiner längeren Brennweite besitzt es nämlich die gleiche Baulänge wie das Objektiv 85 mm. Damit steht es einem Normalobjektiv in bezug auf Handlichkeit in nichts nach. Auch hier finden wir wieder den Standard-Filterdurchmesser 55 mm.

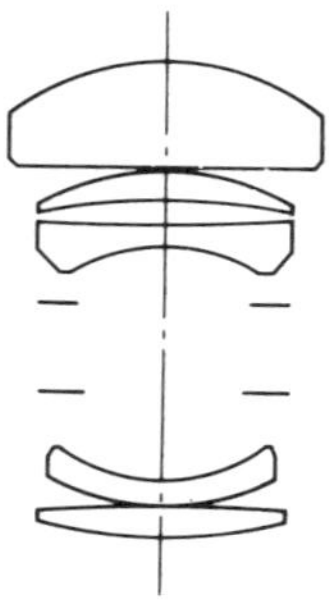

Das **FD 1 : 3,5/135 mm SC** ist das erste der beiden Canon-Objektive dieser vielleicht populärsten Telebrennweite, bei der der Bildwinkel auf 18° zusammenschmilzt. Durch Beschränkung auf die Lichtstärke 1 : 3,5 entstand ein recht kompaktes, preisgünstiges Objektiv, das sich durch seine hohe Abbildungsqualität bereits viele Freunde erworben hat.

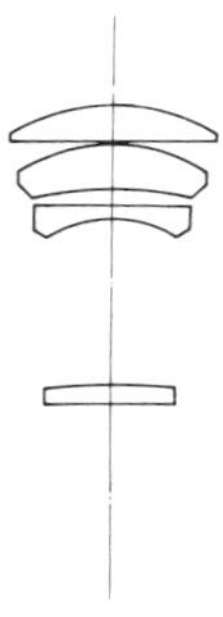

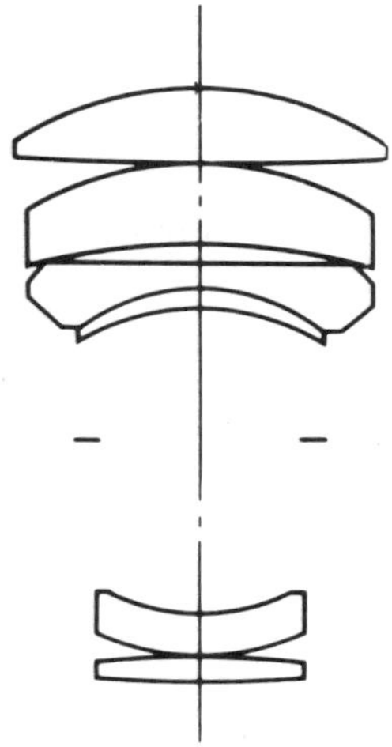

Um einiges schwerer und umfangreicher ist das **FD 1:2,5/135 mm SSC,** denn hohe Lichtstärke bedeutet nun einmal mit zunehmender Brennweite immer größere Linsendurchmesser. Damit im Verein wachsen die Schwierigkeiten der optischen Korrektion. Trotzdem ist Canon mit diesem Objektiv ein ausgesprochen glücklicher Wurf gelungen. Seine Lichtstärke macht es sehr universell einsetzbar, selbst in Situationen, in denen man früher auf eine längere Brennweite verzichten mußte. Die Aufnahmen mit diesem Objektiv zeichnen sich durch hohe Schärfe, hervorragenden Kontrast und natürliche Farbwiedergabe aus. Die volle Lichtstärke des Objektivs kann unbedenklich ausgespielt werden. Zum erstenmal begegnen wir hier auch einer eingebauten, ausziehbaren Gegenlichtblende, die eine weitere Bedienungserleichterung bringt. Leider erfordern eingebaute Gegenlichtblenden eine gewisse Baulänge des Objektivs, so daß wir sie erst ab Brennweite 135 mm vorfinden.

Der nächste Brennweitensprung führt uns zu 200 mm und einem Bildwinkel von 12°. Das **FD 1:4/200 mm SSC** entspricht ungefähr dem, was man bei dieser Brennweite im allgemeinen als normale Lichtstärke ansieht. Der dadurch nur mäßige Linsendurchmesser

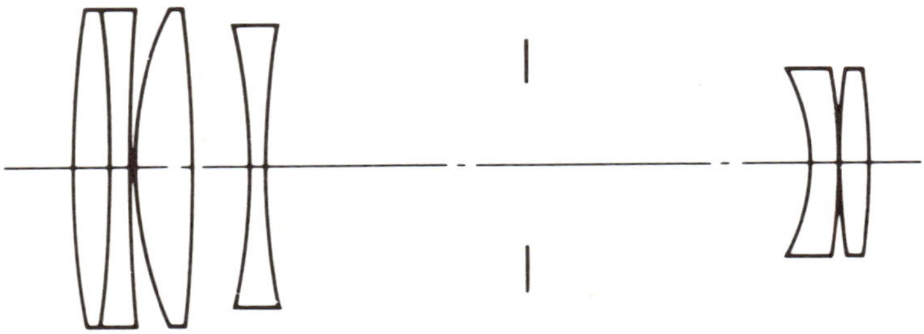

schlägt sich im geringen Volumen des Objektivs nieder, das als längstes im Canon-Programm noch mit einem Filterdurchmesser 55 mm auskommt. Wie bei allen Objektiven ab dieser Brennweite, finden wir auch hier eine eingebaute, ausziehbare Gegenlichtblende.

Das **FD 1:2,8/200 mm SSC** wurde von Canon erst geraume Zeit nach seinem lichtschwächeren Bruder auf den Markt gebracht und verdeutlicht die in der Zwischenzeit im Objektivbau erzielten Fortschritte. Ungeachtet einer um eine volle Blende größeren Lichtreserve und damit eines beachtlich größeren Frontlinsendurchmessers wiegt es nämlich nur ganze 25 g mehr als das FD 1:4/200 mm SSC. Hier zeichnet sich bereits ein Konstruktionsprinzip ab, das Canon bei sämtlichen neueren Objektiven langer Brennweite anwendet: die drastische Verjüngung des Objektivtubus unmittelbar nach den zwangsläufig großen Vordergliedern. Dieses Prinzip bringt eine beachtliche Einsparung an Gewicht und Volumen und macht derartige Objektive ungleich

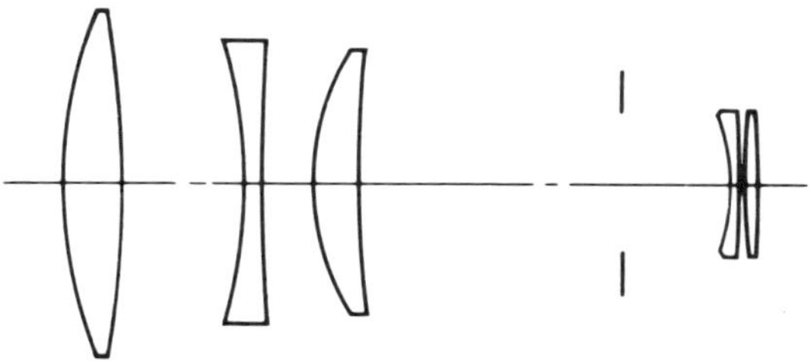

handlicher als ihre dickbäuchigen Vorfahren, die Sie auch heute noch in den Objektivprogrammen manch anderer Hersteller finden.

Wenngleich das FD 1 : 2,8/200 mm SSC etwas mehr als das Doppelte der lichtschwächeren Ausführung dieser Brennweite kostet, lohnt sich meines Erachtens die Mehrausgabe, solange sie in Ihrem persönlichen Etat unterzubringen ist. Mit 1 : 2,8 läßt sich die reizvolle Brennweite 200 mm nämlich in vielen Fällen überhaupt erst anwenden, wo eine geringere Lichtstärke wegen der erforderlichen kurzen Verschlußzeit von mindestens $^{1}/_{250}$ s sonst zum Aufgeben zwingt.

Irgendwo hinter 200 mm liegt die fließende Grenze zwischen dem landläufigen Teleobjektiv und den Fernobjektiven. Da eine allgemeingültige Konvention hierüber nicht besteht, wollen wir das **FD 1 : 5,6/300 mm SSC** noch nicht zu den Fernobjektiven zählen. Mit 300 mm verringert sich der wirksame Bildwinkel auf 8°. Die

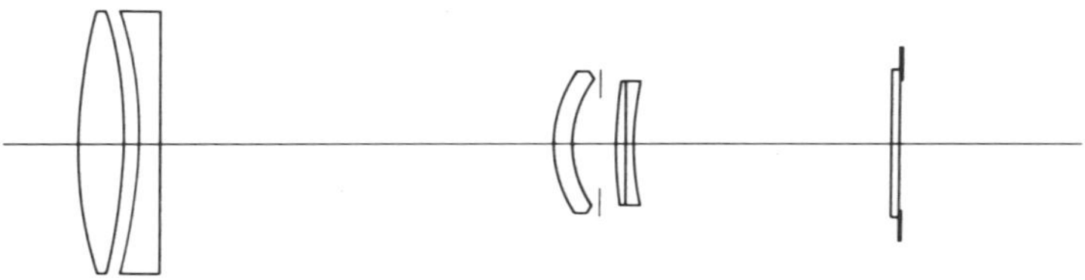

Vergrößerung gegenüber einem Normalobjektiv beträgt bereits 6fach. Die oben abgebildete Ausführung wurde inzwischen von einer Neurechnung abgelöst, in der Canon das auf Seite 214ff beschriebene Prinzip der Innenfokussierung auch bei dieser Brennweite anwendet. Der hier gezeigte Linsenschnitt gilt für die nur 198 mm lange und ganze 685 g schwere, neue Ausführung. Gegenüber der bisherigen Konstruktion ergibt sich somit eine Gewichtsersparnis von fast 40 %. Gleichzeitig konnte die untere Einstellgrenze auf 3 m verkürzt werden.

Vario-Objektive

So nennt man in der Fachsprache Objektive mit stufenlos veränderlicher Brennweite, und so ist der Ausdruck in der Deutschen Industrie-Norm (DIN) verankert. Wer allerdings im Deutschen lieber Englisch spricht, kann auch «Zoom-Objektiv» sagen, was nichts anderes heißt, doch möglicherweise für manche Ohren gewählter klingt.

Die Entwicklung auf dem Gebiet der Vario-Objektive hat in jüngerer Zeit einen immer stürmischeren Verlauf genommen. Der Vorteil, in einem gewissen Bereich die Fesseln der Brennweitenbegrenzung zu sprengen, ist offensichtlich. Der Nachteil einer in der Vergangenheit gegenüber festbrennweitigen Objektiven geringeren Leistung konnte inzwischen überwunden werden – eine Feststellung allerdings, die heute noch nicht verallgemeinert werden darf, wenngleich sie für Canon-Varios uneingeschränkt gilt.

Das Arbeiten mit einem Vario-Objektiv läßt uns buchstäblich faul werden: wir bemühen uns kaum noch, durch Standortwechsel, Kniebeuge und ähnliche Verrenkungen einen besseren, den bestmöglichen Standpunkt zu finden, sondern drehen kurzerhand am Brennweitenring. Der Ausschnitt ändert sich stufenlos – und zufrieden drücken wir auf den Auslöser. So gesehen sind Vario-Objektive eine gewisse Gefahr. Sie machen es uns zu leicht. Daran sollten wir stets denken, wenn wir gar zu selbstge-

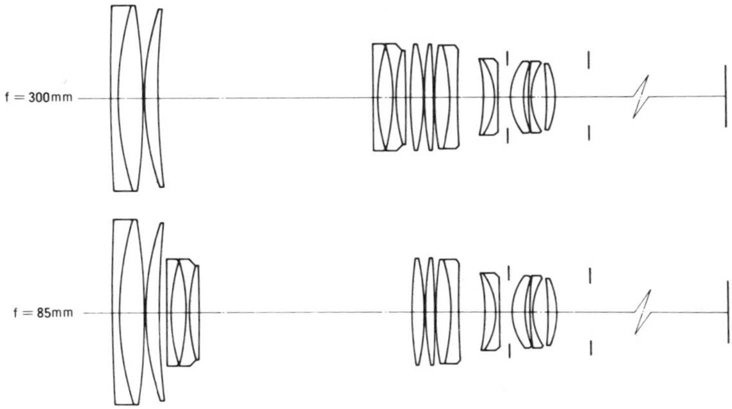

Die Linsenschnitte des FD 1:4,5/85 – 300 mm SSC verdeutlichen die herkömmliche Viergruppen-Bauweise von Vario-Objektiven. Die zweite Baugruppe von links – der sogenannte Variator – wird zur Brennweitenverstellung axial verschoben.

Diese beiden Schnitte des FD 1:2,8–3,5/35 – 70 mm SSC illustrieren das heute von Canon für Weitwinkel-Vario-Objektive verwendete Zweigruppen-Prinzip, das eine wesentlich kompaktere Bauweise und höhere Leistung im Weitwinkelbereich zuläßt. Hier werden beide Objektivhälften verschoben.

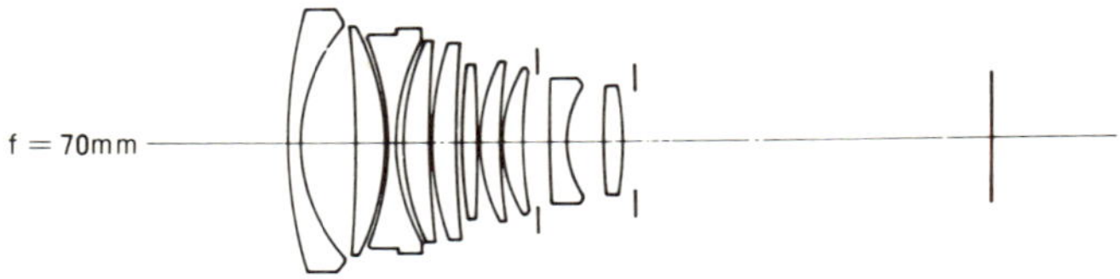

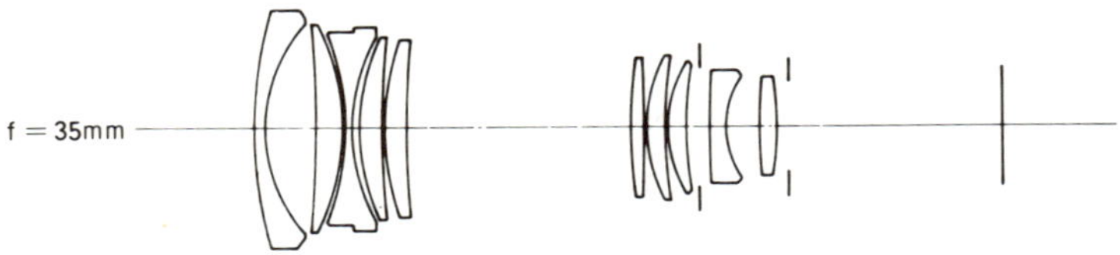

fällig am Brennweitenring drehen . . .
In einer Beziehung jedoch sind Vario-Objektive unschlagbar: sie geben uns – obwohl sie im Prinzip etwas größer und schwerer sind als Einzelobjektive – eine Art Mini-Ausrüstung an die Hand, mit der wir mit einem Minimum an Volumen und Gewicht aller Brennweitensorgen enthoben sind. Wem es primär darauf ankommt, **leicht** durch die Gegend zu ziehen, der ist mit zwei Vario-Objektiven – einem für den Weitwinkel/Normalbereich, einem zweiten für den Telebereich – zweifellos am besten bedient. Stets vorausgesetzt natürlich, daß die nur mäßige Lichtstärke eines Vario-Objektivs nicht als unzulässige Beschränkung der Aufnahmechancen empfunden wird. Mit einem Kameragehäuse und zwei Objektiven hätten Sie damit alles in der Tasche, wozu Sie sonst einen nicht unansehnlichen Kamerakoffer benötigen würden.

Canon hat sein Angebot an Vario-Objektiven für ESR-Kameras inzwischen auf insgesamt fünf erweitert. Von den kurzen Brennweiten ausgehend, dürfen Sie Ihren Appetit an folgenden Objektiven wetzen:

Das **FD 1 : 3,5/28–50 mm SSC** dringt bis an die Grenze des Superweitwinkelbereichs vor und erfaßt sämtliche Brennweiten bis zum Normalwinkel. Es ist somit ideal für Leute, die generell zum Einsatz kurzer Brennweiten neigen. Seine Abbildungsleistung über den gesamten Brennweitenbereich läßt sich nur als exzellent beschreiben. Dieser Leistungsstandard wurde erst möglich durch Anwendung eines von Canon weiterentwickelten Konstruktionsprinzips, der Zweigruppen-Bauweise nämlich. Nach dem konventionellen Viergruppen-Prinzip wäre ein derartiges Normal- bis Weitwinkel-Vario sehr groß, schwer und weniger leistungsfähig ausgefallen.

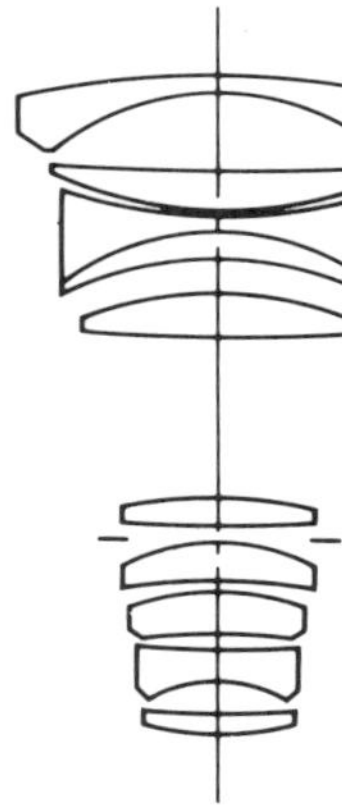

Das Objektiv besitzt eine Naheinstellung, in der in Stellung 1 m des Entfernungsrings eine Annäherung an den Aufnahmegegenstand bis auf 25 cm von der Filmebene möglich ist. Das kleinste Objektfeld beträgt dabei 103 mm × 155 mm. Die Brennweite wird mittels Drehring verstellt. Bei Einstellung auf 50 mm ist das optische System tief im Objektivtubus versenkt, der damit als sehr wirkungsvolle Gegenlichtblende dient. In dem Maße, in dem eine kürzere Brennweite eingestellt wird, nähert sich das Vorderglied der Vorderfassung des Objektivs. Für Aufnahmen mit kurzer Brennweite empfiehlt sich deshalb die Verwendung der Gegenlichtblende W-69-B.

Linsenschnitt dieses Objektivs siehe Seite 202.

Das **FD 1:2,8–3,5/35–70 mm SSC** verteilt seinen Brennweitensegen einigermaßen gleichmäßig um die Normalbrennweite 50 mm. Gleichzeitig bildet es einen fast glatten Anschluß an das nächste Vario-Objektiv im Canon-Programm, dessen Brennweitenbereich bei 80 mm beginnt. Auch dieses Objektiv basiert auf dem Zweigruppen-Prinzip, so daß es sich trotz des für Vario-Objektive kritischen Weitwinkelbereichs durch Kompaktheit und einen hohen Leistungsstand auszeichnet. Seine Lichtstärke verringert sich gleitend von 1:2,8 bei 35 mm bis 1:3,5 bei 70 mm. Diese geringfügige Verschiebung läßt Ihre AE-1 ziemlich kalt, denn sie wird automatisch berücksichtigt, ohne daß Sie irgend etwas davon bemerken. Das Objektiv besitzt gleichfalls eine besondere Naheinstellung bis auf 30 cm von der Filmebene, um die Vario-Objektiven eigene Beschränkung der Scharfeinstellung im Nahbereich abzubauen. Wie beim weiter vorn besprochenen Weitwinkel-Vario wird auch hier das Vorderglied mit der Brennweitenverstellung in Richtung 35 mm ausgefahren. Zumindest im Bereich der kurzen Brennweiten sollte deshalb die Gummi-Gegenlichtblende W-69 als Streulichtschutz verwendet werden.

Das **FD 1:5,6/100–200 mm SC** ist ein ausgesprochenes Kompaktobjektiv zu einem ausgesprochen günstigen Preis. Möglich wird dies durch den Verzicht auf besonders hohe Lichtstärke. Dieses

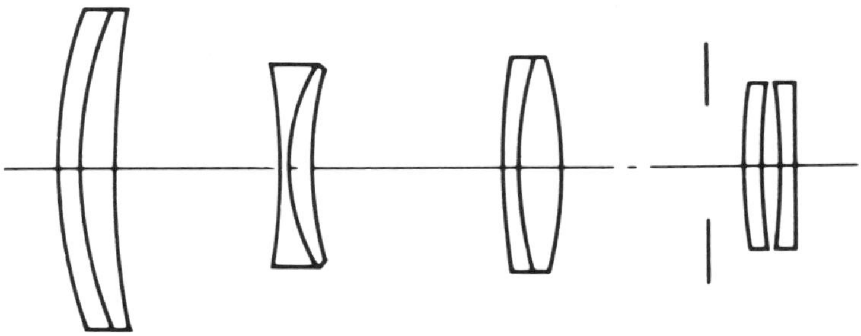

Objektiv ist übrigens das einzige im Canon-Vario-Programm, bei dem die Brennweite durch axiale Verschiebung des auch zur Entfernungseinstellung benutzten Rings verändert wird. Als Zusatzobjektiv empfiehlt es sich für jene Amateure, die ohne größeren Aufwand die meistgebrauchten Telebrennweiten von 100–200 mm erfassen möchten und dafür auch bereit sind, sich mit einer Lichtstärke 1 : 5,6 zu bescheiden. Ab diesem Objektiv sind alle Canon-Varios wieder mit einer ausziehbaren Gegenlichtblende ausgestattet.

Das **FD 1 : 4/80–200 SSC** ist nicht nur um eine volle Blendenstufe lichtstärker als das letztbesprochene Objektiv, sondern überstreicht auch einen größeren Brennweitenbereich. Interessanterweise liegt sein Gewicht trotz der um 100 % höheren Lichtstärke noch unter dem des FD 1 : 5,6/100–200 mm SC – wiederum ein Zeichen für den in der Zwischenzeit erzielten technischen Fortschritt im Objektivbau, denn dieses Objektiv ist wesentlich neueren Datums als das Schiebe-Vario 100–200 mm. Daß Sie für jedes dieser neueren Vario-Objektive über einen Tausender hinlegen

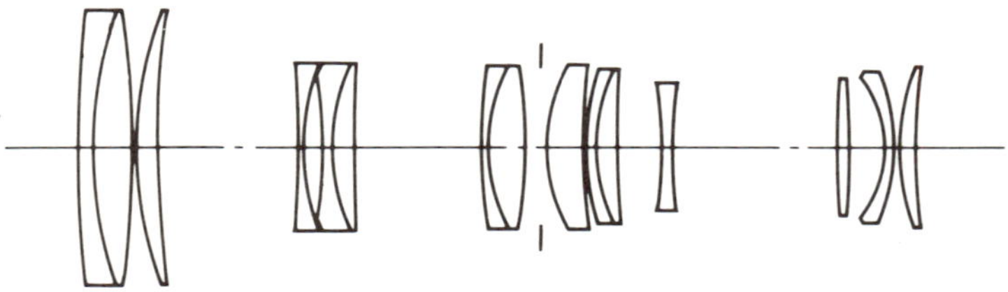

müssen, ist der materielle Ausdruck für die Leistungsstufe, auf der diese Objektive stehen. Denn hoher Aufwand und hohe Leistung haben nun einmal ihren Preis. Eine besonders interessante Eigenschaft dieses Objektivs ist seine kürzeste Einstellentfernung: sie reicht nämlich bis 1 m. Für 80 mm Brennweite ist diese Einstellentfernung keine Sensation – für 200 mm jedoch wohl!

Das **FD 1:4,5/85–300 mm SSC** zählt mit einem Gewicht von runden drei Pfund und einer Baulänge von fast 25 cm bereits zu den

Linsenschnitt dieses Objektivs siehe Seite 201.

schweren Geschützen. Sein Stativanschluß weist darauf hin, daß es in erster Linie für Aufnahmen mit Stativ gedacht ist. Angesichts des bei diesem Objektiv getriebenen optischen Aufwands und des 3,5fachen Brennweitenbereichs ist es nicht verwunderlich, daß die Anschaffungskosten hier die Zweitausender-Grenze überschreiten.

Spezialobjektive

In großen Zügen habe ich Ihnen bis hierher jene Objektive vorgestellt, die – vielleicht mit Ausnahme des letzten Vario-Objektivs – in erster Linie und an erster Stelle für den Amateur von Interesse sind. Das heißt allerdings nicht, daß Sie in den folgenden Abschnitten über einige Spezialobjektive nicht möglicherweise noch manches finden werden, das für Sie attraktiv ist. Immerhin sind z. B. Makro-Objektive zwar Spezialobjektive, doch verdienen sie durchaus eine breitere Beachtung, als ihnen oft geschenkt wird. So lassen Sie uns die hier gezogene Grenze vielleicht nur als den Übergang von den allgemein-interessierenden zu den speziell-interessierenden Objektiven betrachten, für deren Anschaffung Sie allerdings im Schnitt ein klein wenig tiefer in die Tasche greifen müssen.

Superweitwinkelobjektive

Im Superweitwinkelbereich sieht die Welt schon wesentlich anders aus, als wir sie aus unserer Augenperspektive kennen. Der Einsatz dieser Objektive erfordert deshalb auch etwas Gewöhnung und eine den veränderten Gegebenheiten Rechnung tragende Aufnahmetechnik. Ein Blick in den Sucher ist hier das wichtigste. Die übertrieben «steile» Perspektive betont die Weite und schreibt im allgemeinen einen Vordergrund noch viel zwingender vor als bei Aufnahmen mit normaler Brennweite. Superweitwinkelaufnahmen verlangen einen geradezu dominierenden Vordergrund, der die Tiefe betont. Mit ihren enorm großen Bildwinkeln eignen sich diese Objektive besonders – jedoch bei weitem nicht ausschließlich – für Innen- und Architekturaufnahmen. Gerade in Innenräumen ist eine Abbildung anders als mit sehr kurzer Brennweite oft überhaupt nicht möglich. Zuweilen (oder etwas öfter?) werden diese optischen Möglichkeiten auch ziemlich unverhohlen vor den Verkaufswagen gespannt. Ihr Hotelzimmer sieht dann im Reiseprospekt wie eine mittelgroße Turnhalle aus.

Mehr noch als Weitwinkelobjektive nehmen Superweitwinkel die allerkleinste Kameraneigung übel. Die Augen Ihrer Gäste kaufen Ihnen die ungewöhnliche Perspektive in Ihren Dias dann nicht mehr ab. Eine Weile können Sie solche Ausrutscher vielleicht noch als moderne Kunst ausgeben, doch recht bald müssen Sie sich bemühen, bei der Aufnahme auf peinlich gerade Senkrechten zu achten – was absolut nicht ausschließt, daß Sie sich einmal mit der Kamera auf den Bauch legen oder auf den nächsten Felsen klettern. Nur neigen dürfen Sie sie – im Normalfall – nicht.

In einem Punkt machen uns Superweitwinkelobjektive in einer ESR-Kamera wie der AE-1 etwas Schwierigkeiten: ihre Schärfentiefe ist so groß, daß man den Entfernungsring ein ganzes Stück drehen kann, ohne daß sich im Mattscheibenbild eine wesentliche Schärfenverlagerung zeigt. Für die Scharfeinstellung im Sucher der AE-1 erweist sich deshalb eine möglichst hohe Objektivlichtstärke als vorteilhaft. –

Schon bei einer Brennweite von 24 mm werden Sie bald wünschen, Sie könnten über Ihren eigenen Schatten springen. Durch den großen Bildwinkel ist Ihnen dieser nämlich viel öfter im Wege, als Ihnen lieb ist. Achten Sie deshalb bei den Aufnahmen stets darauf, ob Ihr Schatten störend im Sucher sichtbar wird. Läßt sich kein anderer Standpunkt finden, sollten Sie dann lieber auf eine Aufnahme verzichten.

Mit einem Bildwinkel von 104° bietet das **FD 1 : 4/17 mm SSC** das, was man in der Fotografie als ausgesprochen «steile» Perspektive bezeichnet. Trotz des enorm großen Bildwinkels bleibt die Restverzeichnung dieses Objektivs unter 1 %. Für die Erhaltung

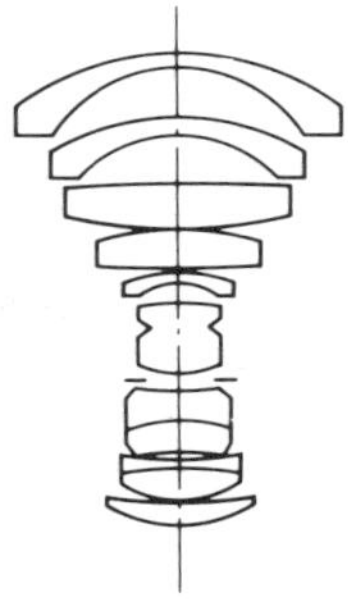

der hohen Abbildungsleistung bis hinunter zur kürzesten Einstellentfernung von 0,25 m sorgt wiederum ein automatischer Korrektionsausgleich.

Mit **dem FD 1:2,8/20 mm SSC** stoßen wir für diese sehr kurze Brennweite und einen Bildwinkel von immerhin 94° bereits auf eine beachtliche Lichtstärke. Wie bei allen Objektiven in dieser Größenordnung haben wir es auch hier wieder mit einem sehr aufwendigen optischen System zu tun, denn mit einfachen Mitteln läßt sich eine hochgradige Korrektion der Abbildungsfehler bei diesem Bildwinkel und dieser Lichtstärke nicht erreichen. Hinzu kommt, daß alle diese Objektive Retrofokus-Konstruktionen sind, denn ihre extrem kurze Brennweite ließe sich normalerweise nie mit dem vom Schwingspiegel beanspruchten Platz vereinbaren.

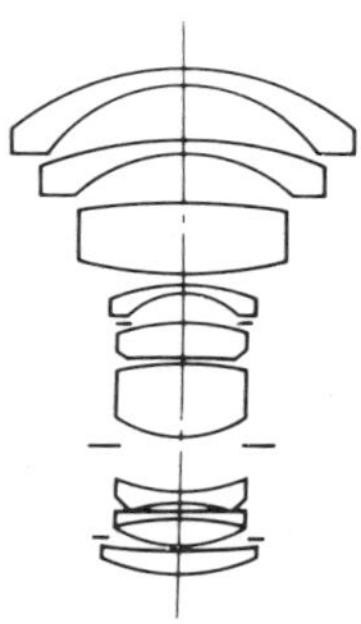

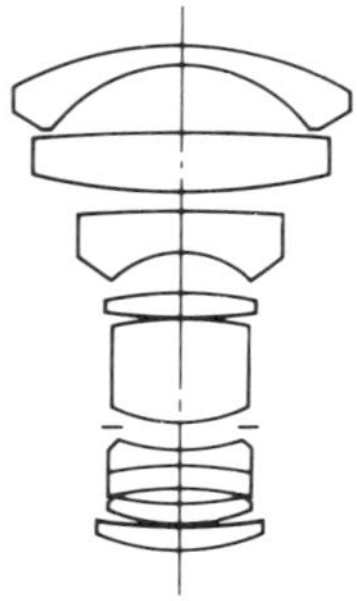

Das **FD 1:2,8/24 mm SSC** schließlich schafft uns nach oben den Anschluß an die Brennweitenreihe. Es hat sich in der Praxis als «zahmstes» der Superweitwinkelobjektive durch seine ausgezeichnete Leistung viele Freunde gemacht. Einen lichtstarken Bruder besitzt es unter den Asphären, die wir auf Seite 227 besprechen.

Fischaugen-Objektive

Der Rummel um die Fischaugen-Fotografie ist etwas abgeflaut, die Neuheit hat den Reiz des Besonderen verloren. Wir haben uns daran gewöhnt, daß unsere moderne ESR selbst mit den Augen eines Fisches zu sehen imstande ist.

Angefangen hat es mit kreisförmig abbildenden Fischaugen-Objektiven. Sie alle haben die kreisrunden Bilder schon gesehen – und sich bestimmt auch schon gewundert, was sich heutzutage alles als Fotografie verkaufen läßt. Denn gar zu oft hatte man in der ersten Zeit der Fischaugen-Fotografie das Gefühl, das Geheimnis bestehe allein darin, die Kamera in die Luft zu halten und auszulösen. Der durch die besondere Abbildungsart entstehende Effekt der Verfremdung sorgte schon dafür, daß ein «Bild» daraus wurde. Nun, inzwischen ist man wieder auf den Boden der Realität zurückgekehrt und hat gelernt, die Fischaugen-Perspektive sinnvoller – und sparsamer – einzusetzen. Inzwischen ist auch ein weiterer Typ des Fischaugen-Objektivs hinzugekommen: das Vollformat-Fischauge. Wie sein Vorgänger fängt es mit einem Winkel von 180° über die Diagonale die gesamte vor uns liegende Szene ein, zeichnet jedoch das volle Kleinbildformat aus.

Als Amateur wird man sich die Anschaffung eines Fischaugen-Objektivs gut überlegen, denn billig sind diese aufwendigen optischen Systeme nicht. Dem steht gegenüber, daß ihre Einsatzmöglichkeiten zwangsläufig gering sind. Erstens eignet sich nicht jedes Motiv für die Darstellung in der eigenwilligen Fischaugen-Perspektive, und zweitens ist es gerade diese eigenwillige Perspektive, die uns nur ganz wenige Aufnahmen dieser Art ungestraft unter unsere Bilder schmuggeln läßt. Denn je ausgefallener ein Effekt, um so seltener darf man ihn bekanntlich benutzen, will man ihn nicht sofort zu Tode reiten.

Ist das Fischauge damit für den Amateur ungeeignet? Ja und nein. Ungeeignet ist es für den Amateur mit nur knapper optischer Zusatzausrüstung. Durchaus infrage kommen kann es hingegen für den engagierten Hobby-Fotografen, der bereits eine stattliche Reihe an Zusatzobjektiven besitzt und seine Aufnahmemöglichkeiten mit dem Extrem der kurzen Brennweite vervollständigen möchte.

Bei Canon können Sie wählen zwischen je einem Vertreter der beiden vorgenannten Arten:
Das **Fischauge 1 : 5,6/7,5 mm SSC** bildet einen Winkel von 180° in einem Kreis von 23 mm Durchmesser innerhalb des Kleinbildformats ab. Die kreisförmige Abbildung verbietet die Verwendung einer Gegenlichtblende. Das Objektiv ist eine Retrofokus-Konstruktion, so daß der Reflexsucher der Kamera trotz der enorm kurz wirksamen Brennweite von 7,5 mm voll funktionsfähig bleibt. Eine Scharfeinstellung ist bei diesem Objektiv nicht erforderlich, denn selbst bei Blende 5,6 reicht die Schärfe von Unendlich bis in den Nahbereich. Ein Skylight-Filter, ein mittleres Gelbfilter, ein Orangefilter, ein Rotfilter, ein leicht rötliches Farbkonversionsfilter CCA 4 und ein leicht bläuliches Konversionsfilter CCB 4 sind fest eingebaut und werden durch Drehen eines Stell-

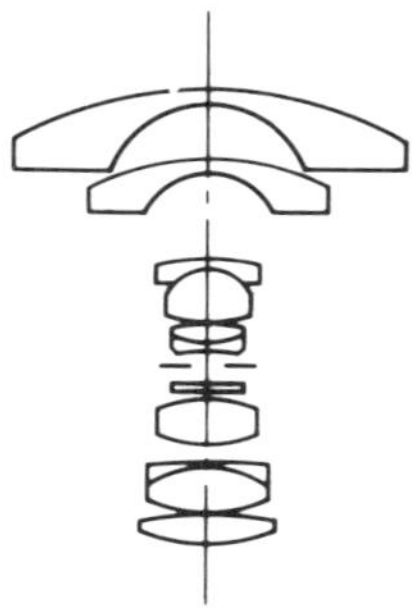

rings in den Strahlengang gebracht. Diese konstruktive Maßnahme ist erforderlich, weil jedes vorn auf das Objektiv aufgesetzte Filter unweigerlich das Bildfeld beschneiden müßte. Das optische System ist so abgestimmt, daß sich stets ein Filter im Strahlengang befinden muß. Im Normalfall ist dies bei Farbaufnahmen das Skylight-Filter, dessen leicht rötliche Färbung hier angebracht ist, da Fischaugen-Objektive ausgesprochene «Kaltzeichner» sind. Das Objektiv besitzt eine automatische Springblende, jedoch keinen Blendensimulator. Mit anderen Worten, die Belichtungsautomatik Ihrer AE-1 ist in diesem Fall nicht verwendbar. Die Lichtmessung muß bei Arbeitsblende erfolgen.

Das Fischaugen-Objektiv FD **1:2,8/15 mm SSC** bringt es fertig, über die Bilddiagonale den extremen Bildwinkel von 180° im vollen Kleinbildformat abzubilden. Trotzdem beträgt seine Licht-

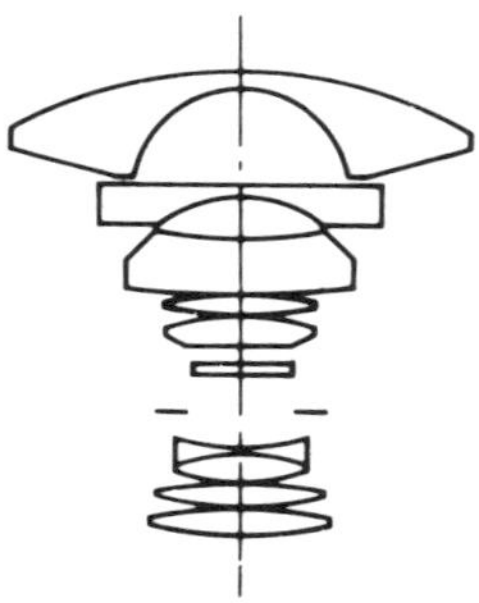

stärke 1:2,8. Auch hier finden wir wieder fest eingebaute Filter: Skylight, mittleres Gelbfilter, Orangefilter und Rotfilter. Durch die rechteckige Formatbegrenzung wird eine Mini-Gegenlichtblende möglich, die in die Objektivfassung integriert ist. Auch dieses Objektiv ist eine Retrofokus-Konstruktion. Es besitzt eine Schneckengangeinstellung bis 30 cm. Die FD-Fassung mit Blendensimulator und Springblende gestattet Offenblendenmessung und Aufnahmen mit Belichtungsautomatik.

Abschließend noch einige praktische Tips für Aufnahmen mit Fischaugen-Objektiven:

Wieder ist der Reflexsucher Ihr wichtigstes Gestaltungshilfsmittel, denn mit einem Fischaugen-Objektiv müssen Sie umdenken. Eine genaue Bildbeurteilung ist eigentlich nur im Sucher möglich. Dabei werden Sie feststellen, daß bereits naher Vordergrund endlos weit weg zu liegen scheint. Also noch näher ran! Und zwar so nahe, daß Sie erschrecken werden, wenn Sie die Kamera vom Auge nehmen. Es hätte nämlich nicht viel gefehlt, und Sie wären mit dem Objektiv dagegengestoßen!

Je näher am Bildrand gerade Linien verlaufen, um so stärker werden sie durchgebogen. Dieser Effekt läßt sich entweder kompositorisch einsetzen oder dadurch vermeiden, daß man gewisse geradlinige Strukturen möglichst nahe der Bildmitte plaziert. Dort werden sie weitgehend natürlich wiedergegeben. Auch ein durch die Bildmitte verlaufender Horizont bleibt gerade. Wundern Sie sich nicht, daß Sie sehr häufig die Sonne mit im Bild haben. Bei einem Bildwinkel von 180° stehen die Chancen dafür mindestens 50 : 50. Doch gerade die Abbildung der Sonne gibt den Aufnahmen meist einen besonderen Reiz. Wie ein Stern wirft sie effektvolle Strahlen. Blendenreflexe werden durch die Mehrschichtenvergütung zwar gedämpft, lassen sich jedoch nicht völlig vermeiden. Inzwischen haben wir gelernt, sie als normal anzusehen und in unsere Bildgestaltung einzubeziehen. Der Reflexsucher bietet dafür die besten Voraussetzungen. Sehr wirkungsvolle Aufnahmen lassen sich oft auch dadurch erzielen, daß man die Sonne teilweise hinter Bilddetails verbirgt.

Und noch eins: Ziehen Sie den Bauch ein! Mit einem Fischaugen-Objektiv ist es ein Kinderspiel, recht unliebsame teilweise Selbstporträts zu fabrizieren! Was immer sich vor der Ebene der Frontlinse befindet, wird im Fischaugen-Bild festgehalten. Ellenbogen, Füße, ein umgehängtes Ausrüstungsteil – einfach alles. Das gilt natürlich in verstärktem Maße für Ihren Schatten. Hier heißt es, bei der Aufnahme höllisch aufpassen, denn im Bild finden Sie mit Sicherheit all das wieder, was Sie im Sucher übersehen haben. Und hinterher ärgern Sie sich schwarz, wenn eine gute Aufnahme durch scheinbar nebensächliche Details verdorben wird.

Fernobjektive

Hiermit betreten wir unwiderruflich die Sphäre der «langen Tüten». Dabei stellt die Grenze dessen, was ich für den Amateur als noch interessant halte, das FD 1:4,5/400 mm SSC dar, während all das, was danach kommt, so speziell in der Anwendung ist, daß wir es hier nur verhältnismäßig kurz und der Vollständigkeit halber streifen wollen.

Ein technisches Detail verdient im Zusammenhang mit Canon-Fernobjektiven besondere Erwähnung: die **Innenfokussierung,** die Canon als erster Hersteller zunächst im vorgenannten FD 400 mm vorstellte. Inzwischen sind auch die neuentwickelten FD-Objektive 600 mm und 800 mm sowie die Neurechnung des FD 300 mm mit diesem Fokussierprinzip erschienen.

---

(1) So müßte die Einstellbewegung des Objektivs bei linearem Verlauf aussehen.

(2) Durch die Innenfokussierung ist es relativ leicht möglich geworden, die Charakteristik der Einstellbewegung nach Unendlich hin so zu verändern, daß sich eine unterschiedliche Steigung ergibt: die erforderliche größere Drehbewegung bei größeren Abständen führt zur leichteren und genaueren Feineinstellung.

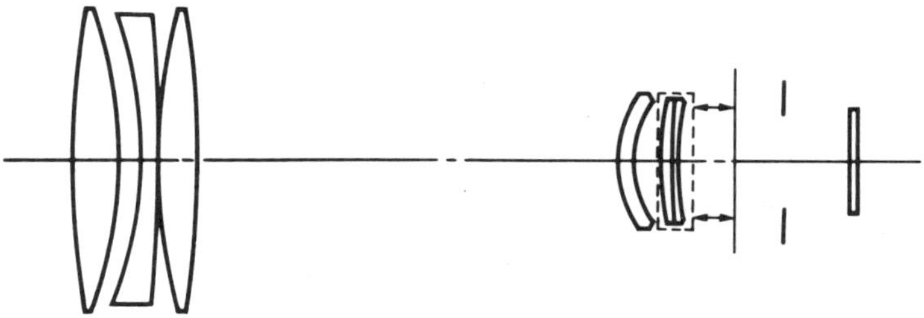

Der Linsenschnitt des FD 1:4,5/400 mm SSC verdeutlicht das Prinzip der Innenfokussierung: nur das Hinterglied wird zur Scharfeinstellung axial verschoben. Bei dem planparallelen Element rechts von der Blende handelt es sich um ein Filter in Steckfassung, das an dieser günstigen Stelle im Strahlengang – mit kleinem Durchmesser – in den Objektivtubus eingeführt wird. Es gehört zur Rechnung des optischen Systems, so daß sich stets eines der mitgelieferten Filter (z. B. das UV) im Strahlengang befinden muß. Sollte Linsenzählen Ihre Passion sein: dieses Element besitzt keine Brechkraft und zählt somit nicht zu den für das Objektiv angegebenen Linsen.

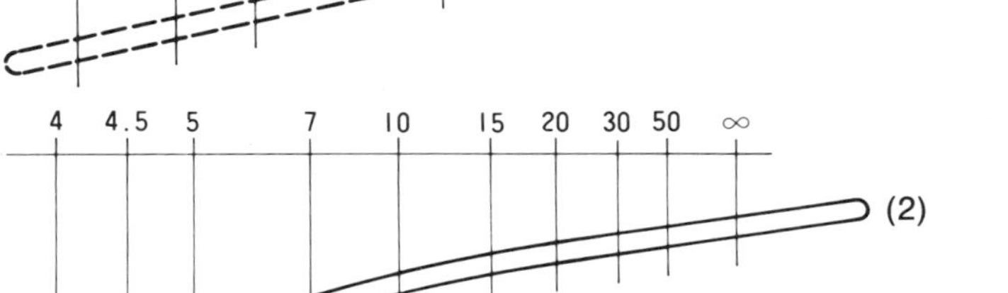

Zu den Aufnahmen auf den folgenden vier Seiten:

Gen Himmel ziehen die frommen Wünsche auf den Gebetsfahnen um die Stupa von Swayambhunath/Nepal – und ebenso sollte ihnen unser Blick, und damit der Blick unserer Kamera, folgen. Ein Beispiel für das, was ich Ihnen zum Thema «Wider die Monotonie» sagte. Die ständige Horizontale in der Blickrichtung ist langweilig, fade, abgeschmackt. Riskieren Sie den Blick – und den Schuß – nach oben oder unten! Wenn Sie ein wenig Bildregie führen, harmonieren Bildeinteilung und Linienverlauf wie auf dem Beispiel rechts oben. Das Auge folgt der geschwungenen Linie bunter Fähnchen ganz natürlich zum Hauptgegenstand des Interesses: der eigentlichen Stupa. Auch dieses Bild wird von starken Diagonalen geprägt. Die auf den Hintergrund zulaufende Wimpelreihe suggeriert Tiefe. Wenn Sie ein solches Dia projizieren, dann meinen Sie wirklich, wie durch ein Fenster hinaufzublicken zur Stupa-Spitze.

Wieder völlig verschieden die Verhältnisse im unteren Bild: die Sonne leiht der Szene gerade noch ihren letzten Schimmer, eine einsame Palme spiegelt sich in den Reisfeldern Penangs. Die Kamera blickt diesmal nach unten und erfaßt die in der Wasserspiegelung aufgelöste Abendstimmung noch um eine Spur irrealer. Gerade das Verträumte, Stimmungsvolle, Verzauberte kommt in Spiegelungen oft wirkungsvoll zum Ausdruck. Ein Motivbereich, den man nicht überfordern darf, indem man ihn zu häufig strapaziert. In sparsamen Dosen genossen jedoch, kann er leicht zum Tüpfelchen auf dem «i» einer Bildserie werden. Es sei denn, Sie nehmen sich einmal eine direkte Spiegelungsserie vor – dann steht Ihnen die Welt dieser Reflexbilder offen, und Sie können sich überlegen, ob Sie das Thema generell abhandeln oder nur einem bestimmten Motivbereich den Spiegel des Wassers vorhalten wollen.

Ungewöhnliche Perspektiven und Effekte auch auf den Innenseiten. Der landende Fallschirmspringer fiel einem FD 1:4,5/85 –

Weiter auf Seite 221

Open!
GINZA
D'URBAN
GINZA MITSUKOSHI 2F
Boutique Street
3F
プレタポルテドレス・フォーマルドレス

300 mm SSC in die Arme – dem Canon-Vario-Objektiv mit dem größten Brennweitenbereich für Ihre AE-1, das z. B. in der Sportfotografie ein dankbares Anwendungsgebiet gefunden hat. Denn gerade hier kommt es auf blitzschnelle Anpassung des Bildausschnitts auf unterschiedliche Aufnahmeabstände an – ein Punkt, in dem ein Vario-Objektiv natürlich unschlagbar ist.

Auch die untere Aufnahme auf der rechten Innenseite wurde mit diesem Vario-Objektiv gemacht, und zwar mit einer Verschlußzeit von 1/4 s und Verstellung der Brennweite während der Belichtung. Dieser Wischeffekt wird heute gern verwendet, um entweder die schnelle Bewegung – wie hier im Sport – zum Ausdruck zu bringen oder ungewöhnliche Impressionen zu schaffen, die sich deutlich von der normalen Fotografie abheben.

Die kreisrunde Aufnahme darüber zeigt die Ginza in Tokio, wie sie Ihre AE-1 mit dem Canon-Fischauge 1:5,6/7,5 mm SSC sieht – ein bißchen verrückt, zugegeben, doch zur Abwechslung einmal recht interessant. Auf solch einem Kreis von 23 mm Durchmesser bildet dieses Objektiv den vollen Winkel von 180° ab – das heißt alles, was sich vor seiner Frontlinse befindet. Meist haben Sie damit natürlich auch die Sonne im Bild. Wie die Aufnahme zeigt, braucht das jedoch kein Nachteil zu sein. Im Gegenteil, durch extrem kurze Brennweite und relativ kleine Blende wirft sie ihre Strahlen wie ein Stern ins Bild und setzt einen zusätzlichen Akzent.

Mit der letzten Seite schließlich kehren wir wieder zurück in den – zumindest teilweise – grauen Alltag. Der ausgeschlachtete Oldtimer als Sinnbild der Vergänglichkeit alles Irdischen. Stellen Sie sich vor: eines Tages wird auch Ihre schöne, neue, moderne AE-1 so aussehen . . .! (Ich hoffe, daß Canon diese Zeilen ohne Infarktgefahr überliest!)

Ein Schnappschuß mit dem FD 1:2,8/200 mm SSC beschließt den Reigen mit ein wenig nostalgischen, gedämpften Farben.

Aufnahmen auf den Mittelseiten: Canon.
Restliche Aufnahmen: G. Richter.

Wir hatten bereits darüber gesprochen, daß die Entfernungseinstellung an fotografischen Objektiven normalerweise dadurch erfolgt, daß man das optische System zur Einstellung auf kürzere Entfernungen axial in Richtung auf den Aufnahmegegenstand verschiebt. Bei den üblichen Brennweiten bewährt sich dieses Prinzip durchaus und wirft keine wesentlichen Probleme auf. Sobald es sich jedoch um Brennweiten von 400, 600 oder gar 800 mm handelt, nehmen diese Objektive ein ganz beachtliches Gewicht an. Die zu bewegenden Massen werden immer größer. Hinzu kommt eine beträchtliche Schwerpunktverlagerung, wenn Sie ein herkömmliches Fernobjektiv von Unendlich auf seine kürzeste Einstellentfernung verstellen: die gesamte Ausrüstung wird plötzlich kopflastig.

Mit seiner Innenfokussierung hat Canon dieses Problem in sehr eleganter Weise gelöst. Der Tubus der neuen Fernobjektive ist starr. Soviel Sie auch am Entfernungsring drehen, die Baulänge des Objektivs verändert sich nicht um einen Millimeter. Der Schwerpunkt bleibt, wo er ist, denn zur Scharfeinstellung wird nur noch das Hinterglied des Objektivs in relativ engen Grenzen verschoben. Die Bewegung großer Massen hat man so gegen die Verschiebung einiger weniger Linsen eingetauscht, so daß man es sich überdies leisten kann, noch gewisse Feinheiten einzubauen. Die Fokussierbewegung der neuen Canon-Fernobjektive ist nämlich nicht mehr linear, sondern in gewissem Maße progressiv. Mit zunehmender Einstellentfernung wird der Drehwinkel immer größer, die Einstellbewegung immer feiner. Das Ergebnis sind wesentlich genauere Scharfeinstellung und leichtere Bedienung.

Einen weiteren Vorteil bietet das Prinzip der Innenfokussierung: durch die Verschiebung des Hintergliedes läßt sich eine für die Brennweite sehr kurze Naheinstellgrenze erzielen. Damit eröffnen sich interessante Perspektiven für die Anwendung z. B. der Brennweite 400 mm für Schnappschüsse im mittleren Bereich.

Das **FD 1:4,5/400 mm SSC** ist das einzige Objektiv in dieser Gruppe, das sich noch für Aufnahmen aus der Hand verwenden

läßt. Und auch dies ist nur seiner schlanken, kompakten Konstruktion, der Innenfokussierung ohne Schwerpunktverlagerung und seinem wohldurchdachten Stativring zuzuschreiben, der bei Aufnahmen aus der Hand die gesamte Ausrüstung sicher auf dem Handballen abstützt. Mit 1:4,5 ist das Objektiv für seine Brennweite außerordentlich lichtstark – eine willkommene Zugabe angesichts der Notwendigkeit, bei Aufnahmen aus der Hand Verschlußzeiten von etwa $^1/_{500}$ s einzusetzen. Damit ist schnell die Grenze erreicht, ab der die Lichtverhältnisse weitere Aufnahmen unmöglich machen. Ohne eine derartig hohe Lichtstärke wäre an Aufnahmen aus der Hand überhaupt nicht zu denken – es sei denn, man würde grundsätzlich nur höchstempfindlichen Film verwenden.

Ich selbst habe das Objektiv mit großer Begeisterung für solche Aufnahmen verwendet und gerade seine ungemein modellierende Wirkung im mittleren Entfernungsbereich schätzen gelernt. Zwangsläufig mußte das Objektiv dabei praktisch stets seine Lichtstärke voll ausspielen – und seine Leistung bei voller Öffnung unter Beweis stellen. Die Ergebnisse geben Canon Recht: dieses Objektiv war ein echter Schritt vorwärts.

Inzwischen gibt es auch in noch längeren Brennweiten Canon-Objektive mit Innenfokussierung: das **FD 1:4,5/600 mm SSC** und das **FD 1:5,6/800 mm SSC.** In beiden Fällen handelt es sich um die zur Zeit lichtstärksten Vertreter dieser Brennweite auf dem Weltmarkt. Der großen Massen wegen, die hier im Spiel sind, hat Canon eine silbergraue Lackierung verwendet, die die Aufhei-

zung der Objektive bei Sonneneinstrahlung wesentlich herabsetzt.

Superlichtstarke Objektive

Sie sind echte Exoten, die asphärischen Objektive, mit denen Canon Pionierarbeit auf dem Gebiet der Foto-Optik geleistet hat. Nach der Einführung des FD 1 : 1,2/55 mm AL Anfang 1971 ist es Canon inzwischen gelungen, Fertigungs- und Prüfverfahren zu entwickeln, die auch bei asphärischen Objektiven eine rationelle Serienfertigung gestatten. Ergebnis dieser Bemühungen sind zwei weitere, inzwischen vorgestellte «Lichtriesen», die ohne Übertreibung neue Maßstäbe setzen. Doch lassen Sie mich zunächst einmal erläutern, was ein asphärisches Objektiv überhaupt ist und warum asphärische Flächen ein so reizvolles Gebiet für die Foto-Optik darstellen.

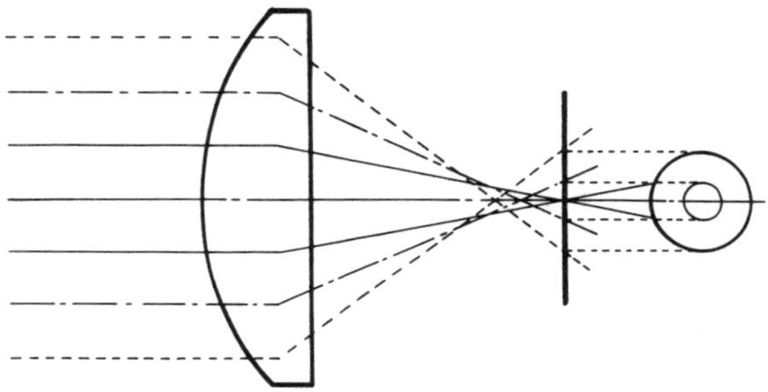

Schema 1

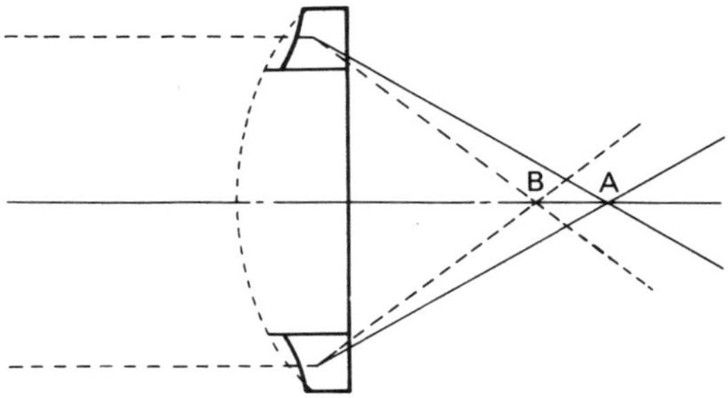

Schema 2

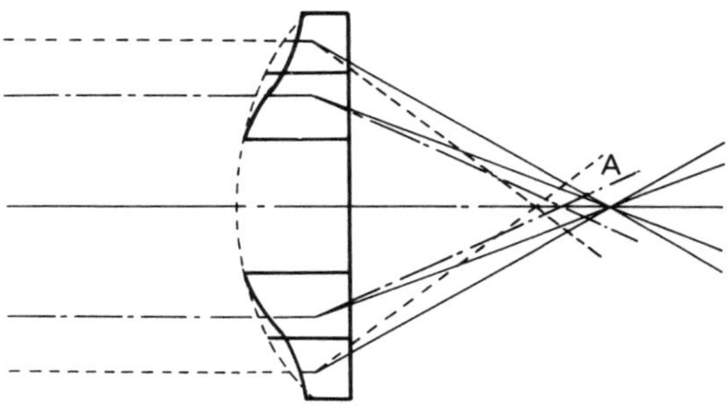

Schema 3

Die Linsen in unseren fotografischen Objektiven besitzen üblicherweise sphärische Flächen, d. h., sie setzen sich aus den Segmenten von Kugelflächen zusammen, deren Scheitel auf der optischen Achse steht. Für die Korrektion optischer Systeme bringen derartige sphärische Flächen jedoch leider unvermeidliche Nachteile mit, die eine völlige Beseitigung gewisser Abbildungsfehler verhindern. Wie Schema 1 verdeutlicht, vereinigen sich die Randstrahlen wesentlich näher hinter einer sphärischen Linse als die achsennahen Strahlen. Diese sogenannte sphärische Aberration führt dazu, daß sich dem scharfen Bildpunkt des Hauptstrahls immer größer werdende Scheibchen überlagern, die der Abbildung desselben Punktes durch die Randstrahlen entsprechen.

Es leuchtet ein, daß diese Erscheinung um so stärker auftritt, je größer der Linsendurchmesser – und damit je höher die Lichtstärke eines Objektivs. Die Aufgabe besteht folglich darin, den Linsenradius in den Randbereichen so zu ändern, daß die dort gebrochenen Strahlen in der gleichen Ebene zum Schnitt kommen wie die achsennahen Strahlen. Schema 2 verdeutlicht, wie diese Änderung den Randstrahl A nunmehr – wie die achsennahen Strahlen – in größerem Abstand von der Linse zum Schnitt bringt. Der gestrichelte Strahl B entspricht dabei der Strahlenvereinigung bei unverändertem Radius, d. h. bei sphärischer Oberfläche.

Schema 3 schließlich zeigt, wie es durch kontinuierliche Abweichung von der Kugelfläche im Randbereich möglich ist, sämtliche dort gebrochenen Strahlen in der Ebene zum Schnitt zu bringen, in der sich auch die achsennahen Strahlen vereinigen. Das Ergebnis ist eine sogenannte asphärische Fläche, eine Fläche, die von der Kugelform abweicht.

Mit asphärischen Flächen wird es den Optikkonstrukteuren möglich, außerordentlich lichtstarke Systeme zu verwirklichen, die selbst bei voller Öffnung eine bisher ungekannt hohe Abbildungsleistung besitzen. Damit werden Aufnahmen in Bereichen möglich, die der Fotografie bisher aus rein technischen Gründen verschlossen bleiben mußten. Natürlich sind auch heute nach der Entwicklung rationeller Herstellungs- und Prüfverfahren die Kosten dieser hochgezüchteten optischen Systeme höher als die normaler Objektive. Von diesen wissen wir bereits, daß höhere Lichtstärke größere Durchmesser, höheren Korrektionsaufwand und damit auch höhere Kosten bedingt. Gemessen an den Aufnahmemöglichkeiten jedoch, die diese absoluten Spitzenobjektive bieten, darf ihr höherer Preis als durchaus realistisch gelten.

Am bekanntesten in dieser Reihe ist das **FD 1:1,2/55 mm SSC AL,** das der Zweckbestimmung der Normalobjektive entsprechend konsequent den Weg zur höchstmöglichen Lichtstärke geht. Über die damit verbundene Leistung brauchen wir kein Wort

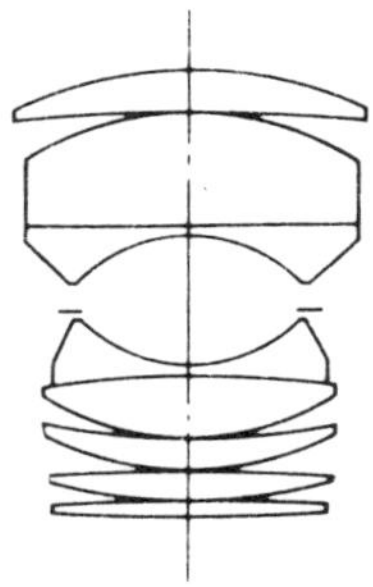

mehr zu verlieren. Ein automatischer Korrektionsausgleich durch die zusätzliche Verschiebung von Linsen bei der Scharfeinstellung sorgt dafür, daß sich die ausgezeichnete Korrektion des Objektivs auch bei kürzeren Aufnahmeabständen nicht verschlechtert.

Das zur Zeit lichtstärkste 24-mm-Objektiv der Welt für Kleinbild ist das **FD 1:1,4/24 mm SSC AL,** das gleichfalls über einen automatischen Korrektionsausgleich verfügt. Bei der Besprechung der Superweitwinkelobjektive hatten wir bereits festgestellt, daß durch den großen Schärfentiefenbereich bei kurzer Brennweite die genaue Scharfeinstellung auf der Mattscheibe schwieriger wird. Hier bringt eine so extreme Lichtstärke wie 1:1,4 eine we-

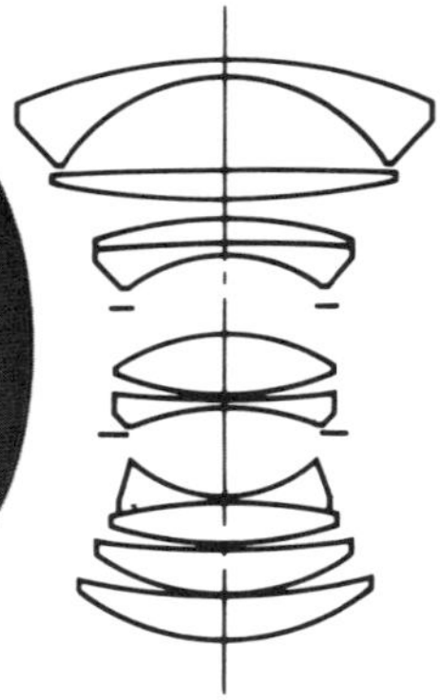

sentliche Verbesserung – ganz abgesehen davon natürlich, daß die volle Ausnutzung dieser Lichtstärke bei hoher Abbildungsleistung manches bisher Unmögliche möglich macht. Aufnahmetechnisch interessant ist die Verbindung der Lichtstärke mit der von Haus aus großen Schärfentiefe bei Brennweite 24 mm.

Der Dritte im Bunde schließlich ist ein ganz besonderer Leckerbissen: das **FD 1:1,2/85 mm SSC AL.** Die für meine Begriffe ideale Brennweite 85 mm mit **dieser** Lichtstärke ist wohl einmalig. Auch mit diesem Objektiv sind sie allen anderen im Augenblick verfügbaren Kamera- und Objektivsystemen um eine Nasenlänge voraus, denn das FD 1:1,2/85 mm SSC AL ist das lichtstärkste Kleinbildobjektiv der Welt mit dieser Brennweite.

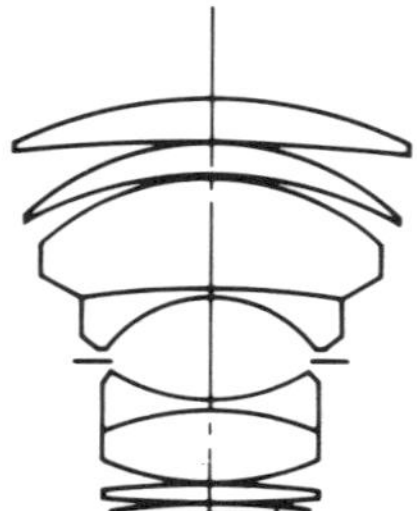

Makro-Objektive

Die Bezeichnung selbst ist eigentlich etwas irreführend, denn Makro-Objektive taugen für mehr als ausschließlich Makro-Aufnahmen. So läßt sich mancher Amateur allein von der Bezeichnung dieser Objektive zu der Annahme verleiten, eine Anschaffung sei für ihn wohl nicht gerechtfertigt, denn so oft fotografiere er nicht im Makrobereich. Lassen Sie mich versuchen, dieses Mißverständnis auszuräumen und klarzustellen, was ein Makro-Objektiv wirklich ist.

Ein augenfälliges Charakteristikum der Makro-Objektive ist ihre verhältnismäßig geringe Lichtstärke. Wenn wir uns ihren optischen Aufbau anschauen, weist dieser auf einen erheblichen Aufwand hin – und trotzdem nur mäßige Lichtstärke? Die Erklärung ist grundsätzlicher Natur: hohe Lichtstärke und höchste Abbildungsleistung sind zwei verfeindete Brüder. Keiner will sich mit dem anderen an einen Tisch setzen. Und so bleibt nur ein Kompromiß. Während unsere Normalobjektive einen Kompromiß zugunsten der hohen Lichtstärke schließen, ist man beim Makro-Objektiv den umgekehrten Weg gegangen. Hier zählt einzig und allein höchstmögliche Leistung, noch dazu mit hervorragender Konstanz über den gesamten Einstellbereich von Unendlich bis zur Abbildung in natürlicher Größe, d. h. bis zum Maßstab 1 : 1. Damit werden Makro-Objektive eigentlich zu idealen Universalobjektiven. Ein Makro-Objektiv der Brennweite 50 mm ist durchaus geeignet, den Platz unseres «Normalobjektivs» einzuneh-

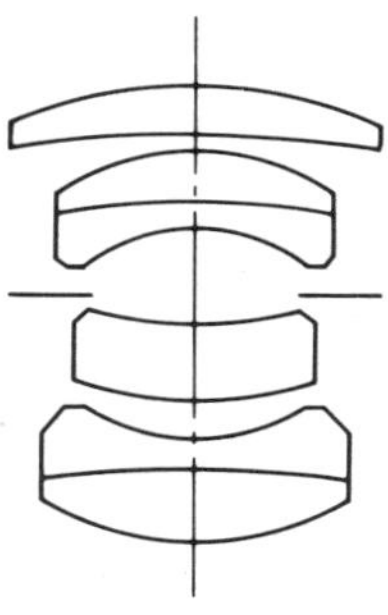

men, solange es uns auf zwei oder drei Blenden Licht hin und her nicht ankommt. Der Schärfefanatiker findet hier das Objektiv, mit dem sich die primär für bildmäßige Fotografie korrigierten «normalen» Objektive nicht messen können. Daß die hohe Leistung dieses Objektivs nicht nur eine ideale Grundlage z. B. für Reproduktionen ist, sondern bis hinein ins Gebiet der Makrofotografie reicht, mag dabei in vielen Fällen nur als Zugabe gewertet werden. Doch verstehen Sie mich bitte nicht falsch. Wenn die Leistung der Makro-Objektive unter Verzicht auf hohe Lichtstärke besonders hoch getrieben wurde, so sollte das als Steigerung über das normale Maß hinaus verstanden werden und nicht als Abwertung der anderen Objektive im FD-Programm.

Eine Besonderheit der Makro-Objektive ist ihr sehr langer Schneckengang, der üblicherweise die Einstellung bis zum Maßstab 1:2, d. h. bis zur Abbildung in halber natürlicher Größe, gestattet. Würde man den gesamten Bereich bis zum Maßstab 1:1 mit einem einzigen Schneckengang abdecken wollen, so entstünde eine sehr lange und damit weniger handliche Konstruktion. Deshalb hat es sich eingebürgert, für den restlichen Weg vom Abbildungsmaßstab 1:2 bis zur natürlichen Größe einen sogenannten 1:1-Adapter zu verwenden, der bei Bedarf wie ein Zwischenring zwischen Kamera und Objektiv eingesetzt wird. Diesen Weg ist auch Canon gegangen.

Im Canon-Objektivprogramm haben Sie die Wahl zwischen zwei Makro-Objektiven verschiedener Brennweite. Das **FD 1:3,5/50 mm SSC** entspricht der Normalbrennweite. Es wurde inzwischen ergänzt durch das **FD 1:4/100 mm SC**. Beide Objektive werden mit 1:1-Adaptern geliefert und sind selbst mit diesem Adapter unter voller Beibehaltung der Offenblendenmessung und Belichtungsautomatik einsetzbar. Damit genießen Sie in Verbindung mit der AE-1 höchsten Bedienungskomfort von Unendlich bis 1:1! Die Auszugsverlängerung wird dabei von der Kamera automatisch berücksichtigt.

Das FD 100 mm bietet sich – wiederum für Qualitätsfanatiker – als mäßiges Tele höchster Leistung an. Bei Nahaufnahmen bietet die

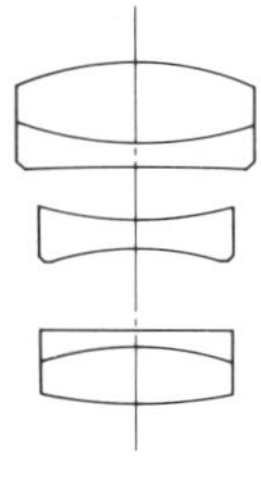

längere Brennweite den Vorteil des größeren Arbeitsabstandes, der sich nicht nur auf die Beleuchtungsführung auswirken kann, sondern darüber hinaus zuweilen aus anderen Gründen unerläßlich ist. Denken wir nur an Aufnahmen von kleinen Tieren, bei denen so gegebenenfalls die Fluchtdistanz eingehalten werden kann.

Fluorit-Objektiv

Canons Hang zum technisch Besonderen, Außergewöhnlichen, äußert sich auch in einem Objektiv, bei dem man sich die Eigenschaften des künstlichen Flußspats zunutze gemacht hat, um Abbildungsfehler zu korrigieren, die sich in Fernobjektiven besonders unangenehm bemerkbar machen. So entstand ein optisches System, dessen Abbildungsleistung herkömmlichen Objektiven gleicher Brennweite eindeutig überlegen ist. Dieses **FD-F 1:2,8/300 mm SSC** ist allerdings ein ordentlicher Glasklotz, denn Brennweite 300 mm und Lichtstärke 1:2,8 sind Daten, die auch dem geschicktesten Konstrukteur gewisse Linsendurchmesser vorschreiben. Immerhin zeichnet sich dieses Objektiv wieder durch einen unmittelbar nach den Vordergliedern wesentlich verjüngten Durchmesser aus, der seine Handlichkeit gewaltig steigert. Hätte man in herkömmlicher Weise den vollen Durchmesser über die gesamte Objektivlänge beibehalten, wäre eine echte Kanone entstanden.

Die Leistung dieses Objektivs ist so hoch, daß Canon einen ange-

Höchste Lichtstärke und höchste Leistung bei Brennweite 300 mm vereint dieses Fluorit-Objektiv. Sein zum Lieferumfang gehörender Zweifach-Konverter ist speziell angepaßt, um diese Höchstleistung selbst bei Brennweite 600 mm zu erhalten.

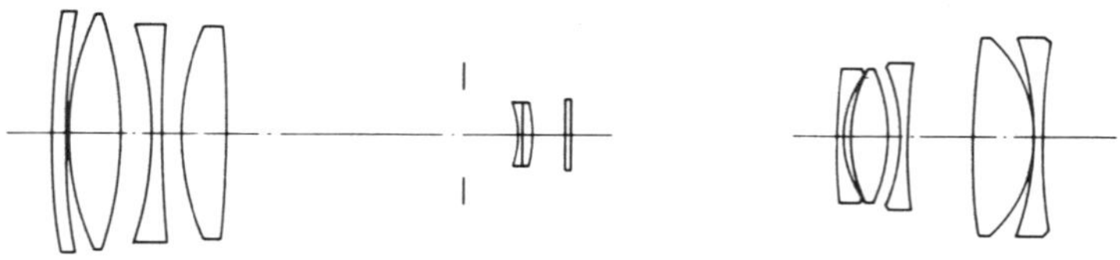

paßten – d. h., in die optische Rechnung einbezogenen – Zweifach-Konverter mit dem Objektiv liefert, der die Brennweite auf 600 mm verlängert. Damit steht ein FD-Objektiv (für Automatik-Betrieb) mit den Daten 1 : 5,6/600 mm zur Verfügung, dessen Leistung neue Maßstäbe setzt.

Objektiv mit Perspektivekorrektur

Den Reigen unserer Spezialobjektive beschließt das **TS 1 : 2,8/35 mm SSC** – ein Objektiv, das sich primär an den Berufsfotografen wendet. Immerhin ist es das einzige bisher für Kleinbild-ESR-Kameras verfügbare Objektiv, das nicht nur eine Verschiebung parallel zur Filmebene gestattet, sondern ebenso eine Verschwenkung. Es knüpft damit an die verstell- und verschwenkbaren Objektivstandarten von Großformatkameras an, deren Beeinflussungsmöglichkeiten den Kleinbildfotografen im allgemeinen vor Neid erblassen lassen.

Benötigt werden derartige Verstellbewegungen zum einen in der Sachfotografie und zum anderen für Architekturaufnahmen. In der Sachfotografie lassen sich so perspektivische Korrekturen anbringen, die nicht nur eine unserem Auge normal erscheinende Darstellung gestatten, sondern darüber hinaus auch die Scharfabbildung eines größeren Bereiches ohne die übliche Abblendung – oder zusätzlich zu ihr. Man bedient sich dabei der Scheimpflugschen Regel, daß eine Objektebene im Bild ohne Rücksicht auf die verwendete Blende scharf wiedergegeben wird, sobald sich die Ebenen des Aufnahmegegenstands, des Objektivs und des Films in ihrer Verlängerung schneiden. In der Architekturfotografie liegt der größte Vorteil der Parallelverstellung des Objektivs zur optischen Achse in der Ausschaltung störenden Vordergrunds zur Erfassung hoher Gebäude ohne stürzende Linien. Das gleiche gilt für die Abbildung langgestreckter Gebäude ohne übertriebene seitliche Verjüngung.

Das TS 1:2,8/35 mm SSC zeichnet mit 58,4 mm Durchmesser einen sehr großen Bildkreis aus, wie er zur Ausnutzung der Verstell- und Verschwenkmöglichkeiten erforderlich ist. Das Objektiv besitzt einen automatischen Korrektionsausgleich. Auf den Einbau einer Springblende wurde wegen der komplizierten mechanischen Konstruktion verzichtet. Die Einstellung der Blende erfolgt somit von Hand. Zur Lichtmessung wird das Objektiv auf Arbeitsöffnung abgeblendet.

Filter: notwendig, nützlich oder Luxus?

Darf ich Ihnen zunächst etwas verraten, was selbst manchem Fachjournalisten nicht völlig klar ist: in der Optik heißt es immer und ausschließlich «**das** Filter». So gerüstet, wollen wir uns ein wenig umschauen, um herauszufinden, welche Filter Sie unbedingt brauchen und welche eventuell zusätzlich interessant wären.

Da ist zunächst einmal das wohl allgemeinste aller Filter mit der Bezeichnung **UV.** Die beiden Buchstaben stehen für ultraviolett. Dieses Filter ist farblos und hat die Aufgabe, eventuell vorhandene UV-Strahlen zurückzuhalten, die Unschärfen erzeugen würden. Die UV-Strahlung ist besonders stark im Hochgebirge oder am Strand – eigentlich überall, wo die Luft sehr klar ist. Vielleicht haben Sie schon einmal gehört, daß unsere viellinsigen modernen Objektive sowieso kaum noch UV-Strahlung durchließen. Trotzdem möchte ich Ihnen raten, alle Objektive grundsätzlich durch ein UV-Filter zu schützen. Selbst wenn wir damit zwei zusätzliche Glas-Luft-Flächen in ziemlich exponierte Stellung vor das Objektiv bringen, scheint mir dies der mechanische Schutz der Frontlinse wert. Denn schließlich fotografieren Sie nicht nur in der guten Stube. Und draußen in Wald und Flur, auf einer Reise oder sonstwo ist es unvermeidlich, daß die Frontlinse Staub, Spritzer, gelegentlich auch Sprühnebel usw. abbekommt. Ein vorgeschaltetes UV-Filter dürfen Sie ruhig einmal öfter putzen: mit einem Staubpinsel, gegebenenfalls nach dem Anhauchen vorsichtig kreisend mit einem völlig sauberen Leinentuch abwischen. Die Frontlinse Ihrer wertvollen Objektive sollten Sie bestenfalls abpinseln. Das UV-Filter eignet sich gleichermaßen gut für Schwarzweiß- und Farbaufnahmen. Es kann deshalb grundsätzlich auf dem Objektiv verbleiben.

Etwas anders sieht es beim **Skylight**-Filter aus. Dies ist ein leicht rötlich eingefärbtes UV-Filter, das man in der Farbfotografie verwendet, um ein übermäßiges Blau in der Ferne, in Schneeschatten usw. zu dämpfen. Es leuchtet ein, daß diese leichte Farbkorrektur nur in bestimmten Fällen angebracht ist, so daß ein Skylight-Filter – entgegen mancher Empfehlung – **nicht** grundsätzlich auf dem Objektiv verbleiben sollte.

Mit der Bezeichnung Y1 und Y3 liefert Canon ein helles und ein mittleres **Gelbfilter** für Schwarzweißaufnahmen. Das Y3 würde ich Ihnen für Landschaftsaufnahmen empfehlen, wo es das Grün etwas aufhellt, dafür aber das Blau des Himmels dämpft, so daß sich Wolken wesentlich besser abheben.

Das gleichfalls für Schwarzweißaufnahmen vorgesehene **Orangefilter** O1 geht einen Schritt weiter. Es verstärkt die Kontraste bereits beträchtlich und eignet sich für eine sehr kräftige Darstellung des Himmels und der Wolken. Die Farben Rot und Gelb werden im Schwarzweißbild in wesentlich hellere Grautöne umgesetzt als üblich. Durch eine bessere Dunstdurchdringung eignet sich das Orangefilter darüber hinaus gut für Fernsichten.

Das **Rotfilter** R1 steigert die Kontraste im Schwarzweißbild ins Dramatische. So lassen sich Gewitterstimmungen hervorzaubern, wo es gar nicht donnert. Bei Fernsichten wird der Dunst noch stärker gedämpft als mit einem Orangefilter. Wenn Sie knapp belichten, können Sie sogar nachtaufnahmeähnliche Effekte erzielen.

Das **Grünfilter** G1 ist das letzte in der Reihe der Farbfilter für die Schwarzweißfotografie. Es hat einen ähnlichen Effekt wie ein Gelbfilter, hellt jedoch Rot nicht so stark auf wie dieses. Gleichzeitig verstärkt es den Dunst in der Ferne und eignet sich deshalb für Aufnahmen, bei denen es auf eine betonte Dunststimmung ankommt.

Unter der Bezeichnung ND4 und ND8 liefert Canon zwei **Neutral-Graufilter,** die die Farbwiedergabe nicht beeinflussen und bei Verwendung hochempfindlichen Films von Vorteil sein können, wenn man zwischendurch auch unter sehr guten Lichtverhältnissen fotografieren muß. (Generell empfiehlt es sich selbstverständlichen, den Filmtyp auf die Lichtverhältnisse abzustimmen und hochempfindlichen Film nur für schlechte Lichtverhältnisse einzusetzen!) Das ND4 drosselt den Lichteinfall um zwei, das ND8 um drei Blendenstufen. Unter Umständen läßt sich mit diesen Filtern auch eine größere Blende erzwingen, wenn ein Objekt durch geringe Schärfentiefe vom Hintergrund gelöst werden soll.

Zur Erzielung besonderer Farbeffekte mit Farbfilm oder zur Umstimmung von Farbemulsionen – wenn Sie z. B. mit einem Tageslichtfilm bei Kunstlicht fotografieren möchten – liefert Canon sechs sogenannte **Farbkonversionsfilter:** CCA4, CCA8 und CCA12 mit rötlicher Färbung, CCB4, CCB8 und CCB12 mit bläulicher Färbung. Je höher die Ziffer, um so stärker sind die Filter eingefärbt.

Noch einige Worte zur Filterpraxis. Mit Ausnahme des UV- und Skylight-Filters schlucken sämtliche vorgenannten Filter merklich fotografisch wirksames Licht. Dank des Innenmeßsystems der AE-1 berührt uns dies bei der Belichtung nicht. Die Messung erfolgt durch das Objektiv und damit auch durch das Filter. Die Meßzelle erhält von Haus aus weniger Licht. Um Verlängerungsfaktoren brauchen wir uns somit nicht zu kümmern.

Versuchen Sie bitte nicht, mehrere Filter zu kombinieren. Dies führt schnell zu dunklen Bildecken, der sogenannten Vignettierung, weil Sie damit eine Art zu enges Rohr vor dem Objektiv schaffen, das einen Teil der Randstrahlen abschneidet. So ist auch ein UV-Filter bei Verwendung eines anderen Filters stets abzunehmen. Jedes Farbfilter wirkt übrigens gleichzeitig als UV-Filter.

Gelegentlich kommt es vor, daß sich ein Filter scheinbar auf einem Objektiv verklemmt. Es widersteht dann jedem gutgemeinten Versuch, es mit dem üblichen Griff auf beiden Seiten abzuschrauben. Zur Zähmung des Widerspenstigen führt ein simpler Trick: fassen Sie das Filter nicht mit Daumen und Zeigefinger auf beiden Seiten seines Durchmessers an, sondern nur auf **einer** Seite, und lösen Sie es durch Linksdrehung. Sie werden feststellen, daß es seinen Widerstand urplötzlich aufgibt. Der Griff auf beiden Seiten führt nämlich meist nur zur Verspannung.

Das Polarisationsfilter

Mit diesem Filtertyp, der sich zunehmender Beliebtheit erfreut, verlassen wir die von Canon erhältlichen Filter. Polfilter – wie sie kurz genannt werden – sind seit langem dafür bekannt, daß man mit ihnen je nach dem Einfallswinkel des Lichts Spiegelungen auf Wasserflächen und nichtmetallischen Oberflächen ganz oder teilweise beseitigen kann. Eine viel interessantere Anwendung jedoch scheint mir in der heute überwiegend betriebenen Farbfotografie zu liegen (gute Polfilter sind – fast – farbneutral!). Durch teilweise oder völlige Löschung der Reflexe, die auf allen Dingen in der Natur liegen, lassen sich wesentlich sattere, bei völliger Nutzung des Effekts bis ins Unnatürlich gehende, kräftige Farben erzielen. Voraussetzung ist stets, daß die Sonne etwa im rechten Winkel zur Aufnahmeachse steht. Unter diesem Winkel ist die Polarisationswirkung am stärksten. Blauer Himmel kann wesentlich dunkler dargestellt werden. Wolken heben sich besser ab. Dunst wird gedämpft. Das Polfilter eignet sich deshalb recht gut für Fernsichten.

Polfilter werden in das Objektivgewinde eingeschraubt. Durch Drehen des Filtervorderteils lassen sich Reflexe stufenlos ganz oder teilweise löschen. Sie können den Effekt bequem im Sucher beobachten.

In der AE-1 wird die lichtschluckende Wirkung des Polfilters – die sich mit seiner Drehung ändert und deshalb nur schwer abzuschätzen ist – wiederum automatisch bei der Lichtmessung berücksichtigt. In jüngerer Zeit hat sich dem in der Vergangenheit ausschließlich üblichen **Linearpolfilter** ein zweiter Typ hinzugesellt, das **Zirkularpolfilter.** Für die AE-1 ist der erstere, billigere Typ voll ausreichend. Zirkularpolfilter sind lediglich nötig bei

Kameras, bei denen sich strahlenteilende Flächen im Strahlengang vor der Meßzelle befinden, die zur teilweisen Depolarisation führen. Dies ist jedoch in der AE-1 nicht der Fall.

Trick- und Spezialvorsätze

Die Zubehörhersteller haben sich immer wieder etwas einfallen lassen, um unsere Kameratasche und ihre Kasse zu füllen. Dabei sind recht interessante Zusätze herausgekommen, die man zwar nur in bescheidenem Umfang verwenden sollte, um die Effekte nicht abzunutzen, die jedoch eine echte Bereicherung der fotografischen Möglichkeiten sein können. Wohl die bekanntesten Vorsätze sind Weichzeichner, die gerade im Zuge der Nostalgie-Welle wieder zunehmend Beachtung finden. Diese sind übrigens auch von Canon in Form sogenannter Softmat-Filter mit zwei verschiedenen Stufen der Weichzeichnung in den Durchmessern 55 mm und 58 mm lieferbar.

Sterneffektfilter verwandeln jeden glitzernden Lichtpunkt im Bild in einen Stern, sogenannte Popfilter gestatten die Erzielung bunter Farbeffekte – hier sollten Sie zunächst einmal mit eventuell vorhandenen normalen Farbfiltern experimentieren! – Prismenvorsätze bilden ein und dasselbe Objekt mehrfach ab. Sogenann-

Achtfach-Gitterfilter *Fünffach-Prisma* *Punktlinse*

te Punktlinsen sind in der Mitte optisch plan, daran anschließend jedoch mit Krümmung geschliffen, so daß die Mitte der Aufnahme scharf wiedergegeben wird, während das Umfeld in immer ausgeprägtere Unschärfe versinkt. Diese wenigen Zeilen nur als Anregung für Experimentierfreudige. Das Angebot ist so vielseitig, daß Sie sich bei näherem Interesse für die Effektfotografie im Handel ausführliche Unterlagen besorgen sollten.

Hosentaschen-Akrobatik

Es gibt wahre Künstler auf diesem Gebiet, die es fertigbringen, die wesentlichen Bestandteile einer ausgewachsenen Foto-Ausrüstung in Hosen, Jacken, Hemd und ähnlichen Kleidungsstükken zu verstauen. Abgesehen von anderen Unbilden widerfährt ihnen jedoch oft ein Mißgeschick: bis sie nämlich gerade jenes Zubehör herausgefingert haben, das sie für eine bestimmte Aufnahme brauchen, hat sich ihr Motiv in Luft aufgelöst. Oder aber, die Angelegenheit wird so umständlich, daß sie gar nicht erst den Schwung aufbringen, Objektive oder Zubehör zu wechseln.

Ich halte deshalb die Feststellung nicht für übertrieben, daß die beste Ausrüstung nur so viel wert ist, wie ihre Organisation. Damit meine ich die Art und Weise, wie Sie sich persönlich Ihre Ausrüstung eingeteilt haben, so daß sie bequem und platzsparend zu transportieren, jedoch jedes einzelne Teil in Sekunden und ohne Fummeln zur Hand ist. Denn Ausrüstungsteile, die im entscheidenden Moment nicht griffbereit sind, bleiben wertlos und sind nur unnötiger Ballast.

Moderne Kamerasysteme wie die AE-1 bieten so viele Möglichkeiten der Variation einer individuellen Ausrüstung, daß gerade in diesem Stadium noch einmal intensive Mitarbeit von Ihnen verlangt wird. Sobald Sie nämlich die Zusammenstellung Ihrer Ausrüstung mehr oder weniger abgeschlossen haben, müssen Sie eine geeignete Transportmöglichkeit dafür finden. Zahllose Universaltaschen sind am Markt erhältlich. Auch Canon liefert zwei verschiedene Ausführungen. In jedem Fall werden Sie für die genaue Inneneinteilung selbst sorgen müssen. Objektive sollten grundsätzlich jedes für sich allein ein Fach haben und mit einem einzigen Griff entnehmbar sein. Entweder Sie schaffen sich hierfür Trennwände, oder Sie helfen sich mit Schaumgummi geeigneter Stärke, den Sie sich entsprechend zuschneiden.

Für eine etwas größere Ausrüstung, die auch längeren Reisen unter schwierigen Bedingungen gewachsen sein soll, gibt es nach meiner Ansicht nur eine wirkliche Patentlösung: einen nach oben öffnenden Alukoffer, wie ihn z. B. die Fa. Admiral sehr preisgünstig anbietet. Zwei Dinge sind hier von großer Bedeutung:

1. Normale Taschen sind meist dunkelbraun oder schwarz. Wenn Sie in Ländern mit stärkerer Sonneneinstrahlung längere Zeit mit diesen Taschen herumlaufen, dann heizen sie sich auf wie ein Ofen – nicht gerade im Sinne des Inhalts. Ein Alukoffer hingegen, der obendrein innen verstärkt und ausgekleidet ist, weist die Sonnenstrahlung so wirkungsvoll ab, daß die Ausrüstung optimal geschützt wird.

2. Für den praktischen Einsatz sinnvoll ist ausschließlich ein Alukoffer, an dem an den Längsseiten ein kräftiger, sehr breiter Tragriemen befestigt werden kann, und dessen Deckel sich wie bei einer normalen Universaltasche nach oben öffnen läßt. Mit anderen Worten, er darf nicht übliche Kofferform haben, denn in diesem Fall ließen sich mit umgehängtem Koffer keine Ausrüstungsteile entnehmen. Dies jedoch ist für das praktische, mobile Arbeiten unerläßlich.

Der weiter oben erwähnte Alukoffer schließt so dicht, daß er spritzwasserfest und auch weitgehend staubdicht ist. Die Facheinteilung können Sie sich aus dünnem Sperrholz selbst basteln, das Sie mit Hilfe von doppelseitigem Klebband mit Schaumstoff auspolstern. Die einzelnen Fächer lassen sich in der Höhe und anderweitig wiederum mit Schaumgummi für die einzelnen Objektive oder Zubehörteile einrichten.

Vorbeugen ist besser als Heilen

Eine alte Weisheit besagt, daß sich mit Gewalt alles kaputtmachen läßt. Das gilt natürlich um so mehr für ein feinmechanisch-optisch-elektronisches Präzisionserzeugnis. Im normalen Gebrauch werden Sie mit der AE-1 kaum Schwierigkeiten haben. Im Gegenteil, ihre Konstruktion sorgt dafür, daß manche Fehler und Störquellen wegfallen. Zum Einschlagen von Nägeln würde ich aber doch lieber auf einen Hammer zurückgreifen . . .

Grundsätzlich gilt für ein Präzisionsgerät, daß jede Gewaltanwendung schädlich ist. Hier ist allein Fingerspitzengefühl am Platz. Normalerweise sind alle Bedienungselemente der AE-1 äußerst leichtgängig.

Feinde Nr. 1 einer jeden Kamera sind Sand und Wasser, insbesondere Salzwasser. Schützen Sie Kamera und Objektive deshalb unbedingt vor diesen beiden Störenfrieden. Lassen Sie die Kamera niemals in der Sonne liegen – schon gar nicht ohne Objektivdeckel. Sehr starke Hitzeeinwirkung ist der AE-1, wie jedem Erzeugnis dieser Art, abträglich. Bei längerer Sonneneinstrahlung ohne aufgesetztem Objektivdeckel könnte die Sonne einen Weg finden, Ihnen selbst um den Spiegel herum einige niedliche kleine Löcher in den Verschlußvorhang zu brennen . . . Denn unsere Objektive sind ja darauf spezialisiert, ein scharfes Bild in etwa dieser Ebene zu entwerfen. Im Verein mit der Sonne betätigen sie sich damit gewissermaßen als hochkorrigiertes Brennglas.

In einem Punkt findet man immer wieder sehr widersprüchliche Empfehlungen: zur Reinigung optischer Flächen. Nach meiner persönlichen Erfahrung brauchen Sie hierzu eigentlich nur zwei Dinge: einen absolut sauberen, fettfreien, weichen Haarpinsel und ein ebenso absolut sauberes Taschentuch, das schon oft gewaschen wurde. Es versteht sich, daß nur zum «optischen

Putzlappen» zweckentfremdete Taschentücher hiermit gemeint sind und nicht der normale Vorrat in der Hosentasche.

Der erste Schritt zur Säuberung einer optischen Fläche besteht im Abpinseln. Sollten Sie dann noch Verunreinigungen wahrnehmen, genügt es in praktisch allen Fällen, die Fläche anzuhauchen und ganz vorsichtig mit geringem Druck in kreisenden Bewegungen mit genanntem Taschentuch abzuwischen. Bedenken Sie, daß jedes kräftige Polieren zu Kratzspuren führen muß! Bringt der erste Wischvorgang noch keine volle Beseitigung der Fremdkörper, hauchen Sie die Fläche erneut an und wiederholen Sie die Prozedur. Flüssige Optik-Reinigungsmittel und -papier sind meines Erachtens völlig überflüssig, ja eher gefährlich. Unvorschriftsmäßig direkt auf die Linsen geträufelte Flüssigkeit kann in die Fassung eindringen und Kittflächen angreifen. Deshalb, wenn schon Flüssigkeit, dann ausschließlich auf das zur Reinigung verwendete Hilfsmittel (z. B. Tuch)! Billiger, einfacher und besser geht es jedoch noch immer mit ein wenig Anhauchen und einem weichen Tuch.

Wenn ich hier von optischen Flächen sprach, so muß ich eine solche Fläche in der AE-1 hiervon jedoch mit Nachdruck ausnehmen: die verspiegelte Vorderseite des Schwingspiegels! Die Justierung dieses Spiegels entscheidet darüber, ob das, was wir auf der Mattscheibe als scharf sehen, auch auf dem Film scharf wird. Vermeiden Sie deshalb jede Berührung dieses Spiegels!

Die Canon AT-1

Was diese Kamera in einem Buch über die Canon AE-1 zu suchen hat? Nun, die Unterschiede zwischen der vollautomatischen AE-1 und der etwas später auf den Markt gekommenen nicht-automatischen AT-1 sind im Grunde genommen so gering, daß jeder Besitzer einer AT-1 das in diesem Buch Gesagte auch auf sich und seine Kamera beziehen kann. Wir wollen deshalb in diesem Anhang lediglich klarstellen, welche Unterschiede zwischen den beiden Kameras bestehen und in welchen Punkten das für die AE-1 Gesagte nicht auf die AT-1 und das Arbeiten mit ihr zutrifft. Das gesamte Objektiv- und Zubehörprogramm ist für beide Kameras gleich.

Rein äußerlich gleichen sich die beiden Kameras wie ein Ei dem anderen. Die AT-1 ist eine Kamera, die aus der AE-1 hervorgegangen ist und sich bei dieser alle wesentlichen technischen Merkmale ausleiht, wenngleich sie in einem Punkt eigene Wege geht: sie ist für jene Amateure gedacht, die eine individuelle Belich-

tungseinstellung nach dem Nachführzeiger-Prinzip der automatischen Belichtungsregelung vorziehen.

Meßsystem und Meßvorgang

Die Canon AT-1 bedient sich eines CdS-Fotowiderstands zur Lichtmessung. Ihre Meßcharakteristik ist mit jener der AE-1 identisch, das heißt, auch die AT-1 mißt die Helligkeit des gesamten Sucherbildes unter Betonung der Bildmitte. Ihr Meßbereich unterscheidet sich systembedingt von dem der AE-1: er reicht von Lichtwert 3 (Blende 1,4 bei $^1/_4$ s) bis Lichtwert 17 (Blende 16 bei $^1/_{500}$ s) bei Verwendung des FD 1:1,4/50 mm SSC und 21-DIN-Film.

Entsprechend ihrem Meßverfahren besitzt die AT-1 am rechten Sucherrand außer der Meßnadel einen Nachführzeiger mit Meßkelle. Zur Belichtungseinstellung werden die beiden Zeiger durch Drehen des Verschlußzeitenrades bzw. Blendenrings zur Deckung gebracht. Im Normalfall wird man dabei die Verschlußzeit den Gegebenheiten entsprechend vorwählen und die Koinzidenz durch Drehen des Blendenrings herbeiführen. Der zur Ver-

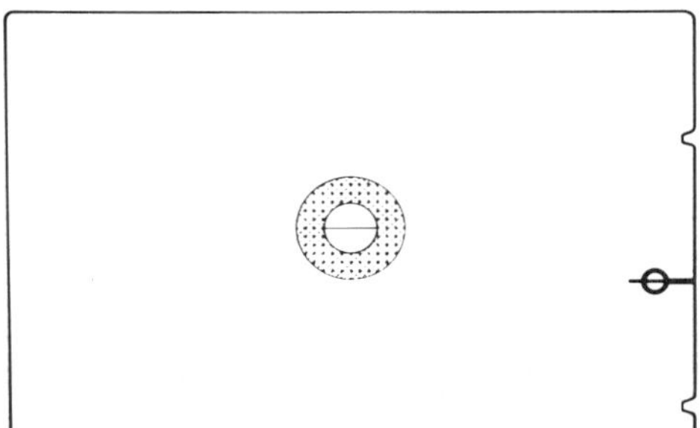

Zwei kleine Vorsprünge am rechten Sucherrand der AT-1 begrenzen den zur Verfügung stehenden Belichtungsbereich. Sobald Meßnadel und Nachführzeiger zur Deckung gebracht sind, ist die Belichtung eingestellt.

fügung stehende Meßbereich wird durch zwei kleine Nasen am rechten Sucherrand angezeigt. Die untere der beiden Nasen steht für Unterbelichtung, die obere für Überbelichtung bzw. Batterieprüfung.

Während die Handeinstellung der Belichtung nach diesem Prinzip eindeutig langsamer ist als die Belichtungsautomatik der AE-1, gestattet sie in der Hand des bewußt Fotografierenden naturgemäß eine noch feinere Abstimmung der Belichtung auf die jeweiligen Verhältnisse. Mit der AT-1 bleibt es Ihnen überlassen, die Kamera zur Belichtungsmessung ein wenig weiter nach unten zu neigen, eine bestimmte neutrale Fläche mehr in die Bildmitte zu rücken usw., um den Ausschnitt erst anschließend zur eigentlichen Belichtung zu wählen. Kleinere Belichtungskorrekturen werden Ihnen auch durch die Meßkelle erleichtert, deren Innendurchmesser genau einer Blendenstufe entspricht. Solange die Meßnadel die Meßkelle in der Mitte schneidet, ist die Einstellung genau richtig. Einstellung auf den oberen bzw. unteren Rand der Meßkelle ergibt jeweils eine Belichtungskorrektur um eine halbe Blendenstufe.

Bei der AT-1 dürfen Sie übrigens nicht während der Belichtungsmessung den Auslöser antippen, wie es bei der AE-1 notwendig ist. Durch das andere Meßsystem in der AT-1 würden Sie hier nur einen Meßfehler verursachen.

Und in einem weiteren Punkt unterscheidet sich die AT-1: sie besitzt einen um den Rückspulknopf angeordneten Hauptschalter, den Sie vor Benutzung des Belichtungsmessers erst aus Stellung OFF auf ON schieben müssen. Zur Schonung der Batterie empfiehlt es sich, den Hauptschalter nach der Messung wieder auf OFF zurückzustellen. Insbesondere gilt dies natürlich nach den Aufnahmen, bevor Sie die Kamera weglegen.

Batterie und Batterieprüfung

Die AT-1 ist gleichfalls für Verwendung einer 6-Volt-Batterie eingerichtet. Der einzige Unterschied zur AE-1 liegt darin, daß hier nur eine Silberoxid-Batterie verwendet werden darf, nicht jedoch eine Alkali-Mangan-Batterie.

Zur Batterieprüfung zieht man den angefederten Hauptschalter aus der Stellung OFF nach rechts auf Stellung «C». In dieser Stellung muß die Meßnadel über der oberen Nase am rechten Sucherrand stehen, andernfalls ist die Batterie auszuwechseln.

Objektivwechsel

Alle FD-Objektive sind, wie Sie wissen, für Verwendung mit Belichtungsautomatik eingerichtet. Sobald man den Blendenring eines solchen Objektivs über seine Sperre auf Automatik stellt, wird an der Rückseite ein kleiner Steuerstift für die Blendenautomatik ausgefahren.

Nachdem die AT-1 keine automatische Kamera ist, besitzt sie am kameraseitigen Bajonettanschluß auch kein «Loch» für den Automatik-Schaltstift der Objektive. Das bedeutet, Sie müssen beim Objektivwechsel unbedingt darauf achten, daß der Blendenring nicht auf Automatik steht. Wäre dies der Fall, könnten Sie beim Versuch des Ansetzens den Automatik-Schaltstift des Objektivs beschädigen. Arbeiten Sie ausschließlich mit der AT-1, werden Sie die Objektive sowieso nie auf Automatik einstellen, so daß eine Fehlermöglichkeit kaum gegeben ist.

Arbeitsblendenmessung

Die Arbeitsblendenmessung in der AT-1 ist etwas einfacher als in der AE-1, weil die Einstellung hier sowieso von Hand erfolgt. Im einzelnen umfaßt sie mit FL-Objektiven folgende Schritte:

1. Abblendknopf drücken, so daß er einrastet.
2. Meßnadel und Nachführzeiger durch Drehen des Blendenrings wie üblich zur Deckung bringen.
3. Abblendknopf vor oder nach der Belichtung entriegeln.

Im Zubehör ebenso vielseitig wie die AE-1 ist ihre nichtautomatische Schwester: auch die AT-1 gestattet Motorbetrieb, die Dateneinbelichtung und die Verwendung des Speedlite 155A.

Wie bei der AE-1 gilt auch hier die generelle Vorschrift, **FD-Objektive ausschließlich mit Offenblendenmessung** zu benutzen. Sofern Sie die AT-1 mit nichtgekuppeltem Zubehör wie Zwischenringen usw. einsetzen, ist der Springblendenhebel des Objektivs vor dem Ansetzen an das Zubehör wie auf Seite 135 beschrieben zu verriegeln.

Beachten Sie bitte grundsätzlich, daß der Abblendknopf beim Ansetzen eines Objektivs nicht verriegelt sein darf.

Selbstauslöser

Die AT-1 besitzt den gleichen elektronischen Selbstauslöser wie die AE-1. Auch seine Bedienung ist identisch. Einzige Unterschiede: vor der Inbetriebnahme des Selbstauslösers müssen Sie den Hauptschalter auf ON stellen. Sollten Sie die Auslösung mit Selbstauslöser einmal während der Vorlaufzeit rückgängig machen wollen, so genügt die Rückstellung des Hauptschalters auf OFF.

Blitzen mit Speedlite 155A

In Verbindung mit der Canon AT-1 läßt sich das Speedlite 155A als Computer-Blitzgerät einsetzen. Das heißt, daß Sie wie auf Seite 164 für die AE-1 beschrieben verfahren und lediglich die am Blendenrechner des Blitzgeräts abgelesene und von Ihnen programmierte Arbeitsblende für den gewünschen Bereich von Hand am Objektiv einstellen müssen.

Eine Besonderheit der AE-1 bleibt auch in der AT-1 erhalten: sobald die Bereitschaftslampe des Blitzgeräts aufleuchtet, schaltet die Kamera aus jeder beliebigen Stellung des Verschlußzeitenrades mit Ausnahme von «B» auf die Synchronzeit $^1/_{60}$ s um. Mit dem Erlöschen der Bereitschaftslampe erfolgt die automatische Rückschaltung auf die eingestellte Verschlußzeit. Es versteht sich, daß diese Art der automatischen Verschlußzeiteneinstellung ausschließlich mit dem Speedlite 155A funktioniert, das speziell für die AE-1 und AT-1 geschaffen wurde. Sollten Sie ein fremdes Blitzgerät mit der AT-1 verwenden, muß die Synchronzeit von Hand eingestellt werden.

Ansonsten bietet Ihnen die Canon AT-1 die gleiche Vielseitigkeit und die gleichen Einsatzmöglichkeiten mit Zubehör wie Motor, Datenrückteil usw. wie ihre automatische Schwester.

Wechselobjektive für die Canon

Bezeichnung	Bild-winkel	Linsen-zahl
Fischauge 1:5,6/7,5 mm SSC	180°	11
FD 1:2,8/15 mm SSC	180°	10
FD 1:4/17 mm SSC	104°	11
FD 1:2,8/20 mm SSC	94°	10
FD 1:2,8/24 mm SSC	84°	9
FD 1:1,4/24 mm SSC AL	84°	10
FD 1:2,8/28 mm SC	75°	7
FD 1:2/28 mm SSC	75°	9
FD 1:3,5/35 mm SC	63°	5
TS 1:2,8/35 mm SSC	63°/79°	9
FD 1:2/35 mm SSC	63°	9
FD 1:3,5/50 mm SSC Makro	46°	6
FD 1:1,8/50 mm SC	46°	6
FD 1:1,4/50 mm SSC	46°	7
FD 1:1,2/55 mm SSC	43°	7
FD 1:1,2/55 mm SSC AL	43°	8
FD 1:1,8/85 mm SSC	28,3°	6
FD 1:1,2/85 mm SSC AL	28,3°	8
FD 1:4/100 mm SC Makro	24°	5
FD 1:2,8/100 mm SSC	24°	5
FD 1:3,5/135 mm SC	18°	4

Fortsetzung Seiten 252/253

AE-1 und AT-1

Kleinste Blende	Kürzeste Einstell-entfernung (m)	Filter-durch-messer (mm)	Baulänge (mm)	Gewicht (g)
22	Fixfokus	6 Filter eingeb.	62	380
16	0,3	4 Filter eingeb.	60,5	485
22	0,25	72	56	450
22	0,25	72	58	345
16	0,3	55	52,5	330
16	0,3	72	68	500
22	0,3	55	49	280
22	0,3	55	61	343
22	0,4	55	49	236
22	0,3	58	74,5	545
22	0,3	55	60	345
22	0,21*	55	59,5	310
16	0,6	55	38,5	200
16	0,45	55	49	305
16	0,6	58	52,5	510
16	0,6	58	55	575
16	0,9	55	57	425
16	1,0	72	71	756
32	0,4*	55	112	530
22	1,0	55	57	360
22	1,5	55	85	385

Wechselobjektive für die Canon

Bezeichnung	Bild-winkel	Linsen-zahl
FD 1:2,5/135 mm SC	18°	6
FD 1:4/200 mm SSC	12°	6
FD 1:2,8/200 mm SSC	12°	5
FD 1:5,6/300 mm SSC	8,15°	6
FD-F 1:2,8/300 mm SSC	8,15°	6
FD 1:4,5/400 mm SSC	6,1°	6
FD 1:4,5/600 mm SSC	4,1°	6
FD 1:5,6/800 mm SSC	3,1°	6
FL 1:11/1200 mm SSC	2,1°	7***
FD 1:3,5/28 – 50 mm SSC	75°–46°	10
FD 1:2,8–3,5/35 – 70 mm SSC	63°–34°	10
FD 1:4/80 – 200 mm SSC	30°–12°	15
FD 1:4,5/85 – 300 mm SSC	29°–8°	15
FD 1:5,6/100 – 200 mm SC	24°–12°	8

* Mit Adapter bis 1:1
** Spezialfilter mit Filterhalter
*** Einschließlich der Linsen im Einstellstutzen
\+ mit Naheinstellung (M)

AE-1 und AT-1

Kleinste Blende	Kürzeste Einstell-entfernung (m)	Filter-durch-messer (mm)	Baulänge (mm)	Gewicht (g)
22	1,5	58	91	630
22	2,5	55	133	675
22	1,8	72	140,5	700
22	3,0	55	198,3	685
22	3,5	Spez.	230	1900
22	4,0	Spez.	282	1300
22	8,0	48**	455	4300
22	14,0	48**	567	4300
64	40,0	48**	853	6200
22	1,0+	58	105	470
22	1,0+	58	120	575
32	1,0	55	161	750
22	2,5	Serien-filter IX	243,5	1695
22	2,5	55	173	765

Sachwortverzeichnis

T

U

V

W

Z